도시 공원을 탐(探)하다

매일 가도 모르는 공원이야기

도시
공원을
탐(探)하다

고하정 지음

ART SOOMBi

추천사

공원일몰제를 계기로 도시공원에 대한 시민들의 관심이 높아졌지만 막상 관련 연구나 서적은 많지 않다. 그런 점에서 고하정 박사가 서울시의 도시공원에 대한 역사, 제도, 정책은 물론 행정과 예산 등 기존 연구가 다루지 못한 분야까지 다양한 시각에서 자료를 수집해 연구한 결과를 출간한 것은 무척 반가운 일이다. 도시공원 역사에서 중요한 디딤돌을 놓은 성과라고 할 수 있기 때문이다.

특히 고하정 박사는 추천인이 이사장으로 있는 (재)숲과나눔 인재양성 프로그램 지원을 받은 박사후연구원이었고, 이 책은 그 프로그램의 성과로 만들어진 연구 결과물이어서 더욱 뿌듯하고 자랑스럽다.

이 책은 쉽게 지나칠 수 있는 도시공원이 시민들의 삶에 큰 위로와 행복을 주는 존재가 되기를 바라며 그것에 기여하고 싶은 작가의 애정과 의도가 잘 나타나 있다. 모두가 주목하고 항상 이슈화되는 대형 공원보다 지역에서 시민들의 많은 사랑을 받는 공원을 연구 대상으로 하였으며, 각 공원이 가진 스토리가 긴 세월을 거치면서 어떤 변화를 겪었는지도 잘 정리되어 있다.

공원일몰제라는 큰 산을 넘고도 아직도 우리는 빌딩으로 꽉 찬 도시에서 도시를 숨쉬고 살게 하는 허파같은 공원에 대한 중요성을 체감하지 못하고 있다. 이 책이 그런 점을 되돌아보고 도시공원에 대한 시민들의 사랑을 키우는 풀씨 같은 존재가 되기를 바라며 적극 추천한다.

(재)숲과나눔 이사장 장재연

추천사

코로나19와 변이 바이러스가 전세계적으로 유행하고 있는 팬데믹 시대에 도시공원은 시민들에게 휴식처이며 사회적 거리를 유지하면서 개인의 건강과 행복에 도움을 주는 것으로 밝혀졌다. 미국 뉴욕의 센트럴파크는 도시 위생 상태를 개선하고, 노동자를 포함한 모든 도시민들에게 휴식할 공간을 제공할 목적으로 조성되었다. 무엇보다도 공원의 존재 이유는 바로 국민들의 건강증진과 질병예방에 있다는 것을 주목해야 한다. WHO의 코로나 방역 권고지침에서는 밀집된 실내보다는 실외활동을 권장하고 있다. 코로나시대를 겪으면서 사람들은 오픈스페이스가 주는 신체적 건강과 정신적 건강 및 환경적 이익으로 인해 도시 오픈스페이스에 가치를 더 많이 부여하고 있다. 코로나로 인해 도시민들은 매일 걷는 새로운 습관을 갖게 되었고 재택근무와 집에서 지내는 시간이 증가되면서 집으로 부터의 피난처를 찾기 때문에 공원과 녹지네트워크를 더 요구하고 있다.

도시공원이 도시민들에게 기여하는 중요한 역할을 살펴보면 다음과 같다. 첫째, 통풍과 환기에 기여한다. 코로나 바이러스 감염을 예방하기 위해서는 머무는 실내밀폐공간의 통풍과 환기를 적극 권장하고 있다. 도시공원과 녹지는 바람을 유도하여 바람길을 만드는데 기여할 수 있다. 둘째, 코로나블루의 힐링을 가져올 수 있다. 코로나로 인해 겪는 심리적 증상, 즉 우울증과 불안감 등의 증세를 치유해 주는 역할을 한다. 셋째, 도시에서 공원과 녹지가 건강과 웰빙(행복)에 기여한다는 것이 입증되었다. 넷째, 도시열섬현상을 완화시켜준다. 일본의 와카야마시내에서의 조사결과에 의하면 녹지인 와카야마 공원 내와 주변을 비교하면 1.5-2.0℃ 의 기온차이가 나는 것으로 나타났으며 공원주변 50-80m의 범위에서 기온이 저하하는 것으로 밝혀졌다. 다섯째, 미세먼지, 대기오염 등 도시환경오염을 개선시켜 준다.

도시공원의 중요성이 높아지는 코로나 팬데믹 시대에 집근처에서 쉽게 찾아갈 수 있는 도시공원에 관한 책이 시의적절하게 발간되었다. 이 책은 저자가 3여년에 걸쳐 연구해 왔던 연구결과물을 책으로 엮은 것으로 서울시민들이 쉽게 가볼 수 있는 집 근처의 공원에 관한 스토리를 담아내고 있다. 자주 찾아가서 이용해 보았던 공원이지만 잘 몰랐던 공원의 스토리를 친절히 설명해 주고 있다. 공원에 관해 의문을 가져볼만한 궁금증이 되는 이슈들, 즉 이 공원이 왜 만들어졌지? 이 공원의 과거는 어떤 모습이었을까? 이 공원이 현재의 모습으로 되기까지 어떻게 변화해 왔을까? 이 공원이 안고 있는 문제는 무엇일까? 이 공원이 더 좋아지기 위해서는 어떤 변화가 필요할까? 등의 이슈에 대해 궁금증을 해소시켜준다.

이 책에서는 우리가 상대적으로 관심을 적게 가졌던 일반적인 공원을 대상으로 하고 있다. 서울시내에 있는 공원 중 세가지 유형의 공원을 대상으로 하고 있는데, 첫째 유형인 자연을 담은 공원으로는 삼청공원과 우장산 공원을, 둘째 유형인 과거 기억을 품은 공원으로는 문래공원과 서소문공원을, 셋째 유형인 토지개발로 태어난 공원으로는 양재시민의숲과 허준공원을 대상으로 하여 중점적으로 스토리를 전개하고 있다.

이 책은 저자가 밝혔듯이 도시공원에 관한 이해를 높여줌으로서 시민들에게 공원을 사랑하는마음을 갖게 하자는 깊은 뜻을 가지고 쓰여졌다. 평소에 자주 찾는 공원이지만 깊은 이해가 없으면 애정을 갖기 어렵다. 이 책에서 대상으로 하고 있는 여섯 개 공원의 이용자들이 이 책을 읽고서 공원을 방문하게 되면 과거보다 더 공원에 대해 애착을 갖게 될 것이다. 별로 유명하지 않아 관심을 갖지 않았던 일반 도시공원들을 대상으로 집중적으로 연구하고 그 결과물을 책으로 발간한 것은 우리나라에서 최초의 일이라 생각된다. 도시에서 살고 있는 시민들과 도시공원에 관심을 가진 시민들 뿐 아니라 전문가들도 이 책을 읽어보기를 적극 추천하고자 한다.

서울대학교 환경대학원 명예교수 양병이

프롤로그

'초록(Green)'은 우리의 삶에 얼마나 중요한 걸까? 숲세권을 결정하는 '초록'인 공원녹지는 경제적 가치가 얼마나 될까? 많은 사람은 자신의 재산이나 이익과 관련해 불편함이 발생하면 민원, 청원, 소송 등 다양한 방법을 통해 그 해결을 호소한다. 예를 들어, 집 앞에 좌회전 신호등을 설치해 달라고 하거나 불법으로 투기한 쓰레기로 악취가 심하다며 이를 없애 달라고 요구한다. 그런데 공원에 대해서는 어떻게 대처하고 있을까? 우리는 우리 주변의 초록을 유지하기 위해 어떤 노력을 하였을까? 공원녹지를 조성하는 과정에 얼마나 관심을 기울였을까?

황두진 건축가가 주민들과 함께 통의동 마을마당을 지켜낸 과정을 기록한 『공원 사수 대작전』을 보면 공원을 지키는 행동을 하기 전에 많은 고민을 하는 대목이 있다. 여러 문장 중에 가장 와 닿았던 부분은 "내가 나서도 될까?"라고 표현된 문장이다. 그 대목을 읽으며, 한 명의 시민이 무언가에 문제의식을 느끼고 작은 행동을 하려고 할 때, 실제로 실천에 옮기기 전까지는 내적 갈등으로 망설임이 있다는 점에서 많이 공감했다. 유명한 건축가도 그런 생각을 하는데, 일반 시민은 스스로 문제의식을 느껴도 먼저 나서서 말 한마디 하고, 행동으로 옮기기가 더 힘들고 어렵지 않을까 하는 생각이 들었다. 특히, 공원은 도로나 학교와는 달리, 모두의 것이지만, 누구의 것도 아닌 공유재로 인식되므로 공공에서 하는 대로 내버려 둘 뿐 관심을 보이지 않는 경우가 많다. 설령 관심이 있더라도 개인의 재산과 관련이 없을 때는 의사 표출하기가 쉽지 않다. 몇몇의 용기있는 사람들을 제외하면, 보통은 단지 집

근처 공원 혹은 공원의 녹지가 조금씩 사라져가는 것을 안타까워하며 지켜
볼 뿐이다. 공원 일몰제를 그렇게 맞이했듯이....

　　나는 때로는 연구를 위해, 때로는 녹음을 즐기기 위해서 도시공원을 자
주 방문한다. 20년 넘게 가까이하면서도 익숙한 듯 낯설었던 공원과 이제야
조금 친해진 것 같다. 이 책은 도시에서 태어나 도시에서 사는 한 연구자가
연구과정에서 모았던 공원자료를 정리하고 필요한 사람들과 나누고 싶은
마음에서 시작되었다. 지금도 해가 바뀔 때마다 많은 공원녹지 자료가 유실
되는 현실에 대한 안타까움으로 내가 모은 자료부터 하나씩 엮어가려고 한
다. 이는 그동안 미처 정리하지 못한 공원 자료들을 다시 또 모으고 엮어가
고픈 개인적인 작은 도전이다. 그 시작으로 6개 공원에 대한 공원탐구기록
을 정리하였다.

　　공원은 이제 아카이빙이 시작되는 단계로 아직 그에 관한 자료가 체계
적으로 정리되어 있지 않다. 그렇다 보니 연구를 위한 자료를 모으는 과정
또한 수월하지 않았다. 개인적인 관심으로 하는 연구이기에 공원기록 데이
터에 대한 접근과 수집 과정이 유독 더 힘들게 느껴졌다. 2년에 걸쳐 이곳저
곳을 기웃거리고 구석에 쌓인 자료를 뒤져 가며 공원의 전체 이야기를 이해
하려고 노력하였다. 오래된 자료일수록 자료 보존기한 만료로 구할 수 없거
나 미공개인 자료가 많아 퍼즐을 맞추기가 어려웠다.

　　공원 자료는 확인 가능한 범위에서 객관성을 유지하기 위해 다양한 자
료를 복합적으로 활용하였다. 공공행정의 기록인 국가기록원, 서울기록원,

역사박물관, 사진아카이브 자료와 고시·공고 등 공공의 공개 자료를 1차 자료로 활용하였다. 의회속기록과 언론기사는 당시 흐름을 이해하고 해석하는 데 도움이 되었다. 공식자료로 확인하기 어려운 부분은 해당 공원 관계자와 공원을 기억하는 지역토박이 주민과의 인터뷰를 통해 보완하였다. 수집하지 못한 자료가 너무나도 많아 시계열별로 다 정리되었다고 할 수는 없으나, 짧은 연구기간동안 구득 가능한 자료를 정리하고자 노력하였다. 혹여나 이 책을 접하고 공원 관련 문헌, 공원에 대한 기억 등 추가 자료를 가지고 계신 분이 있다면 꼭 연락해 주시기를 바란다. 앞으로도 공원연구를 계속하며 부족한 부분은 지속해서 보완할 예정이다.

이 책은 서울시 도시공원 중 근대에서 현대로 넘어오는 시기에 조성된 공원에 초점을 맞추었다. 근대부터 민선자치시대 이전에 생긴 공원 중 많은 주목을 받아 비교적 기록이 풍부하게 남아 있는 남산공원, 탑골공원, 여의도공원 등 잘 알려진 스타공원은 제외하고 아직 덜 알려진 공원에 주목하였다. 그리하여 국내 제1호 계획공원인 삼청공원부터 한강 개발로 생겨난 허준공원까지 모두 6곳의 공원을 자연녹지, 역사문화, 토지개발의 3개 주제로 나누고 2곳씩 묶어 정리하였다. 이들 공원을 이야기하기에 앞서 첫 번째 장에서는 공원에 대한의 이해를 돕기 위해 도시공원의 개념적인 부분과 도시공원사를 간략히 정리해 보았다. 다소 학술적인 내용으로 지루할 수도 있음을 미리 말씀드린다. 공원이야기 중간중간 미흡하지만, 개인적인 바람을 담아 보았다.

마지막으로 이 책이 나오기까지 연구를 지원해 주신 재단법인 숲과나눔 장재연 이사장님과 재단 식구들, 부족한 제자의 원고를 하나하나 다듬어주신 양병이 교수님, 함께 공원을 헤매며 멋진 사진을 남겨준 이대연 작가님, 틈틈이 자료조사와 정리를 도와준 든든한 후배님 승용, 상천, 지희, 촉박한 일정에도 출판을 지원해 준 아트숨비의 김민 대표님과 애써 주신 아트숨비 편집팀, 막연한 추억을 멋진 그림으로 탄생 시켜주신 서희 작가님, 그리고 사랑하는 가족에게 감사를 전한다.

2021년 2월 연구실에서

본 연구는 옛 지도, 계획서, 회의록, 관보, 시보 등 공개된 공공누리자료를 활용하였으며, 필요한 부분에는 출처를 표기하였습니다. 최대한 저작권을 확인하였으나 누락된 부분이 있을 수 있으니 이를 발견하면 연락해 주시기 바랍니다. 별도 표기가 없는 사진은 2019년 봄부터 2021년 여름에 걸쳐 2년반동안 고하정과 이대연이 직접 촬영한 사진으로 사진의 저작권은 촬영작가에게 있습니다. 글의 연속성을 위해 설명이 필요한 부분은 최대한 본문에 싣고자 하였으나, 학술적으로 추가 정보가 필요할 경우를 고려하여 책 마지막 부분에 미주를 달아 놓았습니다. 회의 속기록의 경우 현재의 맞춤법과 다르더라도 기재된 내용을 그대로 옮겨 속기록이 제작될 당시의 느낌을 살리고자 하였습니다.

Contents

Contents

솔밭공원

1장. 도시공원이란?

공원의 의미

서서울호수공원

도시 속의 공원

사람들은 하루 24시간을 어디에서 얼마나 사용할까? 2020년 7월에 발표된 2019년 생활시간조사 결과를 보면 평균적으로 수면, 식사 등 필수시간은 11시간 34분, 업무, 학습 등 의무시간은 7시간 38분, 여가시간은 4시간 47분으로 나타났다. 필수 및 의무시간처럼 매일 반복되는 일상 외 시간인 5시간 정도의 여가시간에는 어디에서 무엇을 할까? 조사결과에 따르면 연령층별로 차이가 있으나, 모든 연령층에서 미디어를 이용하는 데 가장 많은 시간을 보내며, 교제 활동과 스포츠·레저 활동이 그다음이었다.

최근에는 외부조경이 잘 꾸며진 공동주택이나 공원이 가까이 있거나 공원 전망이 가능한 곳은 '숲세권'이라 불리며 근처 부동산 가격이 다른 곳에 비해 높게 거래된다. 도시에서도 자연을 가까이하고 싶은 마음에 탁 트인 전

망과 숲세권을 거주지 결정의 우선순위로 고려한다. 우리는 바쁜 일상에서 잠시 숨을 고르기 위하여 집 근처 산과 공원을 찾아가는 것은 아닐까?

우리는 공원에서 생각보다 많은 시간을 보낸다. 공원을 목적지로 가는 지름길로 활용하기도 하고, 식사 후 산책을 하는 장소로 이용하기도 한다. 매일 방문해 운동을 하기도 하고, 주말에는 가족들과 함께 돗자리를 펴고 간식을 먹으며 몇 시간씩 머무르는 여유로운 시간을 즐기는 장소로도 활용한다. 때로는 누군가와의 만남의 장소로, 때로는 혼자만의 시간을 보내기 위한 장소로 찾기도 한다.

최근에는 전례 없던 팬데믹 시대를 보내면서 여가시간을 보내는 방식도 조금씩 변화하고 있다. 2020년에는 팬데믹으로 인해 야외공간인 공원 이용객이 더 증가하였다고 한다. 멀리 갈 수 없다 보니 걸어서 갈 수 있는 가까운 공원녹지의 가치가 한층 더 높아진 것 같다. 집 근처의 작은 공원, 뒷산 산책로 옆 벤치 하나, 그곳에서의 산책 또는 테이크아웃한 커피 한 잔을 마시는 활동은 우리의 삶에 어떤 의미인지 생각해보자.

'공원' 하면 어떤 이미지가 제일 먼저 떠오를까? 산책하는 사람들? 벤치에 앉아 담소를 나누는 친구들? 운동복 차림의 조깅하는 사람들? 삼삼오오 모여 공놀이를 하는 아이들? 혹은 여유로운 공원 모습이 아닌 다른 이미지가 생각날 수도 있다. 땅을 다 뒤집어 놓아 지나갈 수 없는 공사현장, 쓰레기가 쌓여 악취가 진동하는 공원의 구석, 누군가에게 점유당해서 사유화된 공간과 그걸 보는 불편한 마음 같은 것 말이다.

공원은 누구나 이용할 수 있다. 입장권을 사지 않아도 되고 거주등록 주소지나 나이에 제한을 두지도 않는다. 공원은 항상 열려 있다. 공원에서는 이른 아침 지각하지 않기 위해 질주해도 되고, 든든히 먹은 점심 후 커피 한

잔 들고 가볍게 산책하거나, 퇴근 후 다이어트를 목적으로 몇 바퀴를 돌며 땀을 빼도 된다. 졸려서 보채는 아이를 유모차에 태우고 잠이 들 때까지 공원을 빙글빙글 돌며 시간을 보내기도 하고, 사시사철 변하는 공원 풍경을 바라보며 '봄이구나' 혹은 '올해도 다 지나갔네'라고 읊조리며 계절의 변화를 느끼기도 한다. 때로는 벤치에 앉아서 멍하니 잠시 쉬기도 하고, 때로는 머리 아픈 복잡한 생각을 정리하기 위해 공원을 찾기도 한다.

나는 평일에는 잠시 머리를 식히기 위해서, 주말에는 아이들의 안전한 놀이 공간을 위해서 공원으로 향한다. 날씨에 따라 그날 기분에 따라 어떤 날에는 넓은 공원을 찾기도 하고, 다른 날에는 하천변을 따라 걸어갔다가 집으로 되돌아오기도 한다. 나는 주로 에너지 소모가 적고 땀이 안 나는 경사가 완만한 곳이나, 한곳에 머무르며 활동할 수 있는 공원을 좋아한다. 반면, 우리 부모님은 평지보다는 경사가 조금 있는 뒷산을 좋아한다. 나무가 많고 흙이 깔린 길이 포장된 곳보다 걷기가 편하다는 이유로 선호한다. 아마도 사계절의 변화를 생생히 느낄 수 있고, 나무 위로 재빠르게 움직이는 다람쥐도 보고, 나무 사이사이로 불어오는 바람을 느끼면 마음이 편안해지기 때문이지 않을까? 그렇게 우리는 봄이면 파릇파릇 돋아나는 새싹을 발견하고, 여름이면 짙은 녹음으로 더위를 식히며, 가을이면 나무에 달린 열매를 즐기고, 겨울이면 새하얀 눈꽃의 아름다움을 보면서 잠시 쉬어가는 시간을 보낸다.

이렇게 집 앞에 있는 공원이나 뒷산, 한강 둔치, 하천변 산책로, 길가의 작은 녹지공간 등 열린 공간 대부분을 우리는 보통 공원녹지라고 한다. 이것이 공원녹지의 광의의 개념이며 일반적으로 인식하는 범위이기도 하다. 좁은 의미로 들어가면 공간 특성에 따라 산림, 공원, 하천변 녹지 등의 유형으

로 구분되며 그 정의도 조금씩 다르다.

그럼, 법·제도상의 도시공원은 어떤 개념인지 살펴보자. 법적으로 도시공원은 광장, 공원, 녹지, 유원지, 공공공지와 함께 도시계획시설[1]의 공간시설에 속하는 시설을 말한다. 일반적으로 정의되는 도시공원은 도심에 위치한 도시민을 위한 공간으로, 도시 안에서 자연을 즐기기 위해 사람들이 만들어 놓은 인공적인 자연 혹은 기존 자연녹지를 유지하고 있는 공간을 의미한다.

과거부터 변해온 공원 개념도 살펴보자. 우리나라 공원계획의 시작이라고 할 수 있는 1934년 조선시가지계획령에 의한 경성부 공원계획에서는 공원을 '시민의 휴양, 오락, 아동의 교육 또는 도시의 미관에 기여하고, 일조화재 등에 대해서는 방화선이 되어 연소를 방지하고 또 피난처로서 필요불가

결의 시설이다'라고 정의하고 있다. 1967년에 제정된 공원법에는 '자연풍경지를 보호하고 국민의 보건, 휴양 및 정서생활을 향상시킴에 기여한다'라고 정의한다. 이때, 도시공원이라는 용어가 처음 사용되었다. 또한, 공원을 국립공원, 도립공원, 도시공원으로 구분하고, 도시공원이 도시계획시설로 규정되어 공원이 하나의 독립된 시설인 공공재(公共財)로 인식되기 시작하였다. 현재 도시공원 및 녹지 등에 관한 법에서는 도시공원을 '도시지역에서 도시자연경관을 보호하고 시민의 건강·휴양 및 정서생활 향상에 기여하기 위하여 설치 또는 지정된 곳'으로 정의하고, 같은 법 제30조의 규정에 의해 도시관리계획으로 결정된 곳을 말한다. 공원의 개념 정의는 시대에 따라 변해왔지만, 자연의 보호와 함께 건강, 정서생활 향상 등 여가생활에 관한 내용을 공통적으로 담고 있다.

그럼 우리가 생각하는 공원녹지는 무엇일까? 법·제도적으로 규정된 도시공원이 아닌 우리가 인식하고 말하는 공원은 어디까지일까?

동네 앞에 커다란 나무가 있는 작은 공터, 일하다 쉬러 나오는 사무실 앞 벤치가 놓인 공간은 공원일까? 한강 둔치에 조성된 한강공원이나 양재천 주변 산책로는? 경복궁, 창경궁과 같은 문화재청에서 관리하는 궁궐이나 각종 집회가 열리는 광화문광장도 공원일까? 언급한 다양한 형태의 공원녹지에 대한 개개인의 인식은 사람마다 모두 다를 것이다. 이 기회에 내가 생각하는 공원은 어떤 공간인지 한번 생각해보자.

공원 서비스와 혜택

현재 우리가 사는 도시는 인구집중과 개발로 인한 시가지건조화로 생태계 파괴, 기후변화, 미세먼지 등 다양한 환경문제를 안고 있다. 산업화 시기를 거치며 나타난 도시집중화 현상으로 인해 현재 인구의 90%가 도시에 거주하고 있다. 이런 도시에서 공원녹지는 도시환경의 유지, 도시민의 휴식 및 여가생활을 위한 공간 제공 등 삶의 질 향상에 기여한다. 더구나 산림이나 하천에 비해 도시공원은 일상생활에서 쉽게 접근할 수 있다. 도시 내에서 공원은 지역 활성화, 주변 지가 및 거주가치 향상 등의 사회·문화적 기능을 한다. 이뿐만 아니라 도심 열섬 저감, 미기후 조절, 미세먼지 저감 등 다양한 생태계 서비스를 제공한다. 이렇듯 공원은 시민들에게 여가 활동을 위한 문화 공간을 제공하고 건강 증진을 도모하기 위하여 마련된 도시의 대표적인 공공공간이다.

하지만 공원은 과거에도, 지금도, 아마 앞으로도 끊임없이 '개발'이라는 압박에서 가장 먼저 거론되는 후보지이며, 종종 유휴지로 인식되기도 한다. 때로는 정치적 의도로 조성되기도 하고 때로는 개발논리에 밀려 사라지기도 한다. 최근 큰 이슈가 되었던 공원일몰제 역시 사회 변화로 인해 불필요한 도시계획시설에 관한 논의에서 출발하였는데, 개발이익이라는 경제적인 부분에 집중되어 공원에 많은 영향을 주었다.

도시 속에서 공원이 만들어지는 과정은 공원마다 다르지만, 크게 두 가지로 나눠볼 수 있다. 자연녹지가 우수한 곳을 공원으로 지정하여 그대로 활용하는 경우와 공원이 아닌 토지를 확보하여 공원으로 계획, 조성하는 경우이다. 많은 경우에 우리는 경제적 논리에 의해 도시개발을 위한 땅을 먼저 선택하고 난 후 남은 구릉지를 공원으로 삼았다. 야트막한 구릉지가 많은 우리나라의 지형적 특성으로 인해 우리가 흔히 동네 뒷산이라고 부르는 공원이 우리 주변에 많다. 우장산은 우장근린공원으로, 매봉산은 도곡근린공원으로 불리는 것이 그 예이다. 개발이 어려운 구릉지가 공원이 된 경우, 종종 공원예정지라는 이름으로 기존의 나무가 뿌리를 드러낸 채 덩그러니 남아 있거나 기존 나무의 생육환경에 대한 고려없이 사방으로 높은 아파트가 올라가는 안타까운 모습이 보이기도 한다. 또한 공원조성과정에서 가능한 기존의 수목을 활용하고자 노력하지만, 여건상 어쩔 수 없이 많은 나무가 뽑혀 나가기도 한다.

도시환경 문제를 다룰 때면 항상 언급되는 그린벨트 해제 여부, 열섬현상, 기후변화 등의 이슈와 함께 생각해보면, 경제적인 부분만 보더라도 뿌리를 내리고 잘 자라던 꽃과 나무를 무시하고 많은 돈을 들여 새로운 자연을 다시 조성하는 것이 과연 효율적인 것인지 생각해 봐야 할 문제다. 기존 녹지를 파괴하고 새로 조성한다면, 우리는 나무가 주는 푸름과 그늘을 누리기 위해 오랜 시간을 기다려야만 할 것이다.

이번에는 질문을 조금 다르게 해 보자. 평소에 편하게 이용하던 그 곳, 도시공원에서 어떤 가치가 나에게 제일 중요한지 곰곰이 생각해 보자.

우리가 공원을 찾는 이유는 무엇인가? 나에게 공원은 개인적으로 어떤 기억을 떠오르게 하는 장소인가? 각자 자기만의 이유로 공원을 찾고 그 안에서 서로 다른 경험을 한다. 공원은 하나의 목적을 위해 방문하는 특정 장소와는 다르다. 예를 들어, 일반적으로 우리는 도서관에는 책을 보러, 마트에는 장을 보러간다. 그럼 공원에 방문해서 해야 하는 일은 무엇일까? 정답은 하나가 아닐 것이다. 운동을 하거나, 산책을 하거나, 혹은 공원을 지름길

삼아 지나가는 것도 모두 공원을 이용하는 행태이다. 우리는 이렇게 서로 다른 이유로 공원을 이용하고 경험한다.

매일 저녁 산책하던 코스에서 내가 제일 좋아하는 공간은 어디인지, 내 마음을 편안하게 해 주던 소리는 바람에 나뭇잎이 스치는 소리였는지, 아니면 졸졸 차분히 흐르던 물소리였는지, 도란도란 온종일 있었던 일상을 나누며 걸을 수 있는 그곳이 나에게는 일상에서 어떤 의미로 느껴졌었는지 떠올려 보자.

공원을 주제로 주민과 인터뷰를 진행하다 보면, 처음 대화를 나눌 때는 공원의 중요한 가치를 개인적인 의미보다는 공기 정화처럼 학습된 대외적인 가치만을 우선시하는 경우를 종종 목격한다. 하지만 여러 질문이 오가며 대화의 끝에 이르면 개인적인 추억의 장소를 이야기하는 모습에서 공원에 대한 애착이 느껴진다. 개인적인 일상에서 공원은 어떤 의미인지, 얼마나 많은 추억이 깃든 장소인지를 지난 기억을 꺼낼 때 나타나는 얼굴 표정에서 공간의 소중함을 읽을 수 있다.

어릴 때 아이와 함께 물장구 치던 그 장소, 식목일에 내 손으로 심어두었던 나무, 친구와 고민을 나누느라 시간 가는 줄 모르고 수다를 떨었던 그 벤치, 복잡한 생각으로 몸과 마음을 다잡기 위해 왔던 공원, 아빠와 처음 자전거를 연습하던 장소.

바쁜 생활 속에서 잊고 지냈지만, 잠시만 생각해보면 공원이 단순히 나무가 있는 도시녹지로만 기억되지는 않을 것이다. 이렇게 개인의 경험에 의한 주관적인 인식 역시 공원(자연)이 주는 혜택 중에 하나이다. 이러한 것을 생태계서비스 중 문화적인 혜택이라고 하여, 문화서비스(Cultural Ecosystem Services) 라고 부른다. 문화서비스는 개개인의 인식에 따라 주관적이고 눈에 보이지 않기 때문에 공학적으로 측량할 수 있는 다른 생태계서

느긋한 주말의 공원 모습

비스에 비해 그 가치를 파악하기가 쉽지 않다. 하지만 눈에 명확히 보이지 않기 때문에, 돈으로 환산할 수 없기에 더욱 중요한 부분이라고 생각한다.

개인적으로 바쁜 도시생활에서 도시공원이 지녀야 할 중요한 가치는 도시 속 자연 생태계 유지와 함께 시민 개개인에게 행복을 추구할 수 있는 공공공간의 제공이다. 조금 막연할 수도 있지만 이 책을 통해 우리의 삶에서 공원이 지니는 의미를, 그리고 공원이 우리에게 주는 혜택을 잠시 생각해 보면 좋겠다. 우리는 자연환경 없이는 생명을 유지할 수 없다. 공원이 중요하다고 느끼는 이유는 사람마다 다를 것이다. 그러나 이유야 어떻든 간에 저마다 가진 공원 애착으로 공원의 가치가 더 높아지길 기대해 본다.

살아있는 공원

　공원은 살아 있다. 공원 안의 꽃과 나무도 살아 있고 공원을 이용하는 사람도 살아 있다. 그리고 공원은 끊임없이 변화한다. 사회 분위기나 지역주민의 요구에 의해 무엇인가가 새로 생기고 또 없어지기도 하면서 느리지만 끊임없이 변화한다. 공원이 죽지 않고 계속해서 생명력을 가질 수 있으려면 어떻게 해야 할까?

　우리나라의 공원은 일제강점기 때 도입되어 지금까지 주로 공공(官)이 주도하는 방식으로 조성, 관리되어 왔다. 하지만 이런 일방적인 소통 방식으로 조성된 도시공원이 앞으로도 지속성을 가질 수 있을지는 의문이다. 공원은 사람과의 상호작용이 끊임없이 일어나는 공간이어서 소통이 중요하다. 이용자와 소통하지 않는 공간은 지속성을 가지는 데 한계가 있다. 이러한 특징은 우리가 사용하는 말(語)과 비슷하다. 시간의 변화에 따라 어떤 단어는 새로 생겨나기도 하고, 어떤 단어는 더이상 사용하지 않게 되기도 한다. 사람들의 사용에 따라서 표현하는 말도 새로 태어나거나 죽기도 하는 것이다.

　이처럼 도시공원도 시대여건과 주변환경의 영향을 받는다. 도시공원이 계속 살아서 잘 유지되기 위해서는 변화하는 이용행태와 사회현상을 포용할 수 있는 유동성과 지속성이 필요하다. 일례로 도시공원의 대표 상징인 뉴욕 센트럴파크는 복잡한 사회현상 속에서 성공리에 개장했지만 1970년대 재정위기로 공원관리예산이 삭감되면서 낙후한 우범지역으로 전락하게 되었다. 공공의 예산편성 영향으로 공원 서비스의 질이 떨어지는 현상이 나타난 것이다. 공원의 낙후에 대응하기 위해 1980년 센트럴파크 컨서번시(conservancy)가 설립되었으며, 이들이 공원을 보호, 관리하면서 사람들의 관심을 받게 되어 다시 원래의 기능을 회복하게 되었다.

전 세계적으로도 1972년 6월 유엔 인간환경회의의 인간환경선언 발표를 계기로 도시환경의 질에 대한 관심이 높아지면서, 주거환경에 대한 사회적 요구 또한 높아졌다. 환경에 대한 시민 인식이 변화하면서 도시공원에 대한 관심도 높아졌으며, 1990년대에 들어 세계적으로 도시공원 민간 파트너십이 구축되면서 공원이 활성화되었다.[2]

서구사회에서 1970년대에 일어난 일은 국내에서도 1990년대에 들어 유사하게 나타난다. 당시 우리는 권위적인 독재정권의 사슬에서 벗어나 다양성을 인정하는 민주화를 이루어냈다. 그 과정에서 시민사회 참여가 강화되며 다양한 목소리를 내는 거버넌스가 등장하게 되었다. 급속한 개발사업으로 몸살을 앓는 공원녹지를 지키기위한 움직임도 이때부터 나타나 1990년대 후반부터 걷고 싶은 도시 만들기, 생명의 숲 가꾸기 운동 등이 활발하게 전개되었다. 2000년대에 접어들면서부터는 전국적으로 민간 주도의 도시공원 거버넌스가 확산되었다. 대표적으로 광주의 푸른길공원(사단법인 푸른길)과 청주 원흥이공원, 부산 효동네공원 및 부산시민공원, 서울숲 컨서번시(서울그린트러스트) 등이 있다. 모두 공원녹지의 지속성을 위한 움직임이다.

도시공원은 긴 시간 동안 도시와 함께 변화한 만큼 다양한 이야기를 담고 있다. 앞서 설명했듯이 공원은 죽기도 하고, 새롭게 태어나기도 한다. 대표적인 사례로 여의도공원이 있다. 여의도공원은 과거 일제강점기인 1916년 비행장으로 건설되어 활주로로 사용되다가 해방 후 공군이 사용하였다. 1970년대에는 체제선전과 국가행사 등 각종 축제와 행사를 위한 대규모 광장으로 이용되었다. 5·16 광장 시절인 1980년대에는 일반 시민들이 자전거나 롤러스케이트를 타는 곳으로 이용하였다. 1993년 문민정부가 들어서면

서 여의도광장은 군사정원의 잔재로 지적되었고, 이러한 분위기 속에서 뉴욕의 센트럴파크, 런던의 하이드파크와 같이 도심에 대형공원을 조성하려는 움직임이 시작되었다.

1997년부터 본격적으로 공원화사업이 추진되어 1998년에 여의도공원이 오픈하였다. 공원조성 당시에는 막 심은 수목과 자리 잡지 못한 시설로 어수선한 느낌이었지만, 20년이 지난 지금은 울창한 숲으로 자라 빌딩 사이에서 자연의 역할을 톡톡히 하고 있다. 지금의 여의도공원은 한강공원과도 잘 연결되어 있어 많은 자전거 라이더들이 즐겨 찾는 곳이자, 평일에는 근처 직장인들의 점심 산책 코스이다. 봄이면 여의도공원의 벚나무는 윤중로와 함께 전국적으로 유명한 벚꽃 핫플레이스로 손꼽힌다. 여의도공원은 서울시에서 직접 운영하여 유지·관리가 잘되는 공원 중 하나로, 계절에 따라 다

서서울호수공원의 재생공원

양한 프로그램이 공원 곳곳에서 전개된다. 최근에는 여의도 개발 계획이 진행되고 있기 때문에 몇 년 후에는 또 어떤 모습으로 변할지 모르지만, 오랜 시간으로 만들어진 지금의 푸르름과 청량감을 잃지 않기를 바란다.

최근에는 재생을 키워드로 한 공원도 많아지고 있다. 이미 많은 사람에게 알려진 선유도공원은 서울 서남부 지역의 수돗물을 공급하다 폐쇄된 선유정수장을 활용한 재생공원의 시작이다. 최근에는 신월정수장을 재생한 서서울호수공원에서부터 석유비축기지가 새롭게 변모한 문화비축기지, 철도 폐선부지에 조성된 경춘선숲길과 경의선숲길에 이르기까지 기존 시설을 활용하면서 새로운 공간을 창출하며 그 변화의 시간을 공간에 담아내는 재생공원이 인기를 끌고 있다.

서서울호수공원 중앙호수와 전망데크

서울시 도시공원의 변화

보라매공원의 주말

도시공원의 확장

　일제강점기인 1920년대부터 도시공원이 확대되었던 점을 고려하면 2020년은 공원이 확장된 지 100년이 되는 해이다. 지난 100년 동안 우리나라 도시공원은 단시간 내 공공 주도 방식의 대형공원 조성에 힘입어 양적으로 크게 성장하였다. 그러나 빠른 성장과 개발 탓에 충분한 논의와 의견수렴 과정이 미흡했다. 도시화, 인구성장과 함께 공급자 중심의 양적 성장에 치중하는 모습을 보였다. 다행히도 최근 들어 이용자 중심의 질적 향상 관점으로 공원 조성의 패러다임이 전환되고 있다. 따라서 현재 우리가 당면한 도시공원을 둘러싼 현상을 살펴보고, 지금까지 공원이 조성된 과정을 되짚어보는 일은 미래를 위한 올바른 방향으로 한 걸음 더 나아가는 데 필요한 일이다.

　국내 도시공원이 어떻게 변화했는지 서울을 중심으로 살펴보자. 시대별

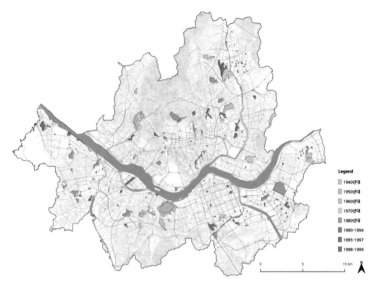

조성연도별 서울시 도시공원 분포도

로 살펴보기에 앞서, 전체 흐름을 요약하면 다음과 같다. 한국의 최초의 도시
계획은 일본 총독부가 1934년에 '조선시가지계획령'을 제정한 것부터 시작
되어, 도시계획과 공원녹지기본계획에 의해 계획되고 조성된다. 서울의 공
원은 1946년 이후 1960년까지 큰 변화가 없다가 1967년 공원법이 도시계획
법에서 분리, 제정되면서 도시공원 개념이 생겼다. 이후 1970년대 도시경제
발전으로 마을단위 녹화사업, 유희시설 확충이 추진되며, 어린이대공원, 남
산식물원과 같은 공원이 처음 조성되었다. 1980년부터 1994년은 중앙정부
주도로 국가정책사업으로 공원녹지사업이 추진되던 시기로 국제행사와 연
계하여 아시아공원과 올림픽공원이 조성되었다. 1985년과 1995년에 수립된
서울시 도시공원녹지 정책 연구와 공원녹지기본계획을 수립하고 다양한 정
책을 추진하게 되면서 민선자치시대 이후 공원녹지면적은 증가하였다.

근대시대의 도시공원

도시공원은 근대 서구문화에서 시작되었다. 공원이라는 용어가 처음 등장한 것은 1846년으로 알려져 있다. 중세 이후 19세기 중반에 영국의 왕후와 귀족이 소유하던 정원을 일반에게 공개하면서 공원의 역사가 시작되었다. 여기서 우리는 '공원'이 모두에게 공유되어야 하는 공간의 의미로 시작되었음을 알 수 있다. 최초의 시민을 위한 공공공원인 영국 버큰헤드 공원(Birkenhead Park)은 미국의 건축가 옴스테드(Frederick Law Olmsted)에게 영감을 주었고, 그는 곧 공원을 대표하는 미국 뉴욕의 센트럴파크(Central Park)를 조성하여 근대적 공원의 시작을 알렸다. 센트럴파크의 조성은 전 세계적으로 도시공원의 확산에 기여하였으며, 지금도 여전히 도시공원의 대표 공원으로 손꼽힌다.

국내 도시공원 도입에 관해 많은 연구가 진행된 것은 아니지만 몇몇의 글에서 근대공원을 중점적으로 다루고 있다.[3] 여기서는 도시공원 조성배경에 대한 이해를 돕기 위해 큰 맥락에서 주요 변화를 중심으로 간략히 서술하고자 한다.

근대 이전에는 별도의 공원은 없었으나, 사람들은 마을 앞 아름드리나무 아래에 옹기종기 모여 앉아 담소를 나누거나, 정자나 연못을 중심으로 만남, 휴식, 놀이, 산책 등을 하였다. 현재 우리가 알고 사용하는 공원의 개념은 서구문물이 들어오면서 지식인들을 중심으로 받아들여지기 시작한 것이다. 도시공원의 개념은 개화기에 도입되었지만, 그 당시에는 사회 여건상 도시공원의 개념을 공론화하거나 정의하지 않았다. 단지 운동, 휴식, 위생, 계몽 등의 사회적 의미와 상징성을 담고 있는 공간으로 인식되었다.[4]

그러다가 1884년 12월 인천에서 체결된 각국 조계지 토지협정에 첨부된

실측도에 '만국공원(萬國公園)'이라는 용어가 등장하면서 공원이라는 단어
가 사용되기 시작하였다. 1890년대에는 외국조례지 내부에 조례지 체류주
민을 위한 공원이 조성되었다. 일본인에게 여가시설을 제공하기 위해 일본
인 거류지를 중심으로 신사와 공원, 운동장을 조성하였는데, 이때의 공원은
유료이고 모두에게 개방되지 않은 공간으로 지금의 개념과는 다른 의미의
공원이었다.

서울 최초의 근대공원인 탑골공원은 1896년부터 1899년까지 3년에 걸
쳐 조성되었다. 조성 초기에는 이왕직 소유의 공원으로 음악대를 위한 팔각
정 외에 일반적인 공원이용을 위한 시설은 없었지만, 1916년 일반인에 공개
된 이후 서울에서 가장 인기있는 공원으로 자리잡았다.[5] 1896년에는 최초
의 시민 주도 공원이라 할 수 있는 독립공원이 독립문 주변에 조성되었으나,

1920년대 경성부공원계획지도 ⓒ서울역사박물관

관련 문헌이 거의 남아 있지 않아 정확한 위치 확인은 불가능하다.[6] 현재의 독립공원은 1988년 서울시에서 독립문 주변 서대문형무소 자리에 조성한 것이다.

1910년 8월, 한국이 강제로 일본에 병합되면서 도시공원업무는 조선총독부에서 주도하게 되었다. 이후 덕수궁, 창경궁 등 궁궐이 공원화되어 시민에게 개방되었다. 제사를 지내던 단(壇)은 장충단공원(1919년), 사직공원(1924년)으로, 능원(陵園)인 효창원은 효창공원(1924년), 명승지(名勝地)인 남산 일대는 식물원과 한양공원(1908년)으로, 삼청동 일대는 삼청공원

1950년대 서울도시계획공원 변경후 계획도 ⓒ서울역사박물관

(1934년)으로 공원화하였다. 그 후 경성도시계획과 조선시가지계획령를 계기로 점차 공원녹지의 위상이 높아졌으며, 1940년에는 조선시가지계획령(1934)에 근거한 『경성시가지계획공원결정안』에 따라 앵정공원, 문래공원, 달맞이봉공원 등 140곳의 공원(13,812,000㎡)이 계획되었다.[7]

하지만 당시의 계획은 비용 마련 문제로 현실화하지 못하였으며,[8] 당시 지정·고시된 공원의 일부만이 1980년대에 들어 조성되었다. 일제강점기 공원계획은 훗날 광복 후에도 서울시 공원녹지계획 수립의 기본 틀이 되었다. 1920년대 경성부공원계획지도와 1950년대 서울도시계획공원 계획도를 살펴보면 많은 영향을 받았음을 확인할 수 있다. 서울시 최초의 공식 공원계획안인 『서울도시계획공원 기본계획보고서』는 1940년 공원계획안의 기본적 틀 내에서 공원녹지계획안을 정리한 것이다. 따라서 서울의 공원녹지계획안은 일제강점기의 계획과 단절되어 있다기보다 연속선상에 있다고 보아야 한다.[9]

1969년 정동공원에 자리한 판자집 ⓒ서울역사박물관

공화국시대의 도시공원

　일제강점기와 광복, 한국전쟁 시기를 지나면서 국가에서 가장 시급한 문제는 도시복구였다. 몇 차례 전쟁으로 폐허가 된 도시에서 공원은 전쟁 시기에는 방공시설로, 전쟁 후에는 오갈 곳 없는 사람들의 거주지로 활용되었다. 정동공원, 삼청공원을 포함한 많은 공원이 피난민과 저소득층에 의해 점유 및 훼손되었으며, 공원 내에는 무허가 주택 등 불법 가건물이 세워졌다. 임시주거시설로 인해 공원 일대는 오수와 쓰레기 등의 환경문제가 심각해졌다. 그 후 본격적으로 도시재건이 시작되면서부터 도시공원이 시민들의 주거생활에 필요한 공간으로 계획되고 관리되어야 한다는 의식이 확장되기 시작하였다.

　"시유지라고 해서 새 공원을 만들겠다고 작정해놓은 그 부분에 새 공원을 만들지 않고 그대로 방치해 두는 까닭에 한채 두채 세워 가지고 무질서하게 미관상 좋지못한 건물이 서가지고 커다란 새 공원도 되기 전에 이미 「하꼬방10)」 촌이 되고 만다." (서울시의회 1961.1.10)

　"서울시내에 과거부터 있던 공원들을 도리켜보면 그전에는 공원다운 공원이 있는 것 같으드니 남산 효창 할 것 없이 어떠한 이익 어떠한 결함으로 해서 공원이 다른 위치로 바꿔져가고 있고 …(중략)… 천연성을 보유하고 있는 이 삼청공원마저 어느 정책 밑에 어떤 방임상태에 있는지는 모르되 하나하나 무허가건물이 세워져가면서 이 천연성을 마비시키고 또한 주택화해 가고 있다 그 말예요." (서울시의회 1961.1.11.)

　전쟁으로 폐허가 된 국토에 도시계획과 공원의 확보는 질적 도시환경 조성에 매우 중요한 문제였기에 민간의 무분별한 용지 사용을 억제하는 유보지 확보가 중요했다. 하지만 공권력의 남용이나 수익시설 등 도시공원의 주요 기능을 침해할 여지가 있었으며 민주적 의사 결정이나 시민 이용을 고려하기에는 한계가 있었다. 그 결과, 공공의 부족한 재정 확보와 도시개발을 위해 공원부지가 민간에게 매각되거나 학교와 상업시설이 조성되었다. 게다가 공원 조성 예산 부족으로 공원 지정 후 공원조성사업 추진이 차일피일 미뤄지고 늦어지면서 보상지연에 대한 민원으로 많은 공원이 해제되었다.[11]

구체적인 사례를 살펴보면 1955년 남산공원과 장충공원 면적을 확대하고,[12] 1958년 올림픽운동장 건립 일대를 용마자연공원과 뚝도공원으로 지정하였다. 하지만 정치적 격변기와 예산 문제로 올림픽운동장 계획이 추진되지 못하면서 대부분의 공원부지가 또 다시 해제되었다. 그 과정에서 용마자연공원으로 지정된 7,758천m² 중 일부인 3,268천m²만 공원으로 남게 되었다. 1962년 공원법 개정으로 궁궐인 경복궁, 덕수궁, 창덕궁, 종묘 등의 고궁은 근린공원으로, 현충국립묘지는 묘지공원으로 지정되어 관리되기 시작하였다.

1970년대를 넘어오면서 도시공원을 이용하여 건축물 신축 등 공공의 이익을 취하거나 공원용지로 지정하고 조성을 미루는 것에 대한 문제가 여러 차례 지적되었다. 이러한 사회분위기 속에서 공원정책이 도입되었다. 1970년부터 서울시 각 자치구마다 1곳씩 아동공원 조성을 추진하였다. 1971년에는 서울 외곽에 개발제한구역(그린벨트)을 설치하였으며, 1973년에는 이를 전국으로 확대, 적용하였다. 1972년 4월 청와대에서는 '조경에 관한 세미나'를 개최하여 도시개발 맥락에서 조경계획의 필요성을 논의하였다.[13] 국내 조경 학문의 시작과 다양한 계층의 환경에 대한 관심은 도시계획상 공원을 면적 요소로 고려하는 데 영향을 미쳤다.

1973년 어린이대공원 개원식 ⓒ서울사진아카이브

　이와 함께 대통령 지시에 따라 서소문공원, 도산공원, 낙성대공원과 함께 서울어린이대공원이 조성되었다. 중앙도매시장이 있던 자리에는 서소문공원, 강남영동개발지구에는 도산 안창호 선생 묘 이장과 함께 도산공원, 관악산 자락에는 낙성대공원이 조성되었다. 서울어린이대공원은 서울컨트리클럽 골프장으로 사용되던 곳을 어린이회관, 식물원, 놀이동산 등을 포함하는 공원으로 계획하였는데, 그 과정에서도 정치적인 이슈와 사회적인 충돌이 빈번하게 발생하였다. 서울어린이대공원의 조성은 이후 서울대공원, 드림랜드(현 북서울꿈의숲), 롯데월드, 서울랜드 등 대규모 위락시설 조성에 영향을 주었다.

　1980년대에는 소득이 향상되고 여가시간이 증가하면서, 공원이 생활공간으로 인식되기 시작하였다. 1985년에 추진한 서울시 도시공원녹지 정책 연구를 통해 서울시 공원정책 및 공원관리의 평가와 종합적인 정책 제안이

공군사관학교 이전지에 조성된 보라매공원

이루어졌다. 또한 공원법 개정으로 자연공원과 도시공원이 분리되었고, 세계 대회인 86아시아게임과 88서울올림픽을 계기로 한강시민공원이 조성되는 등 서울시 경관이 급변하였다. 이러한 사회적 여건의 변화와 이에 따른 시민들의 여가공간에 대한 수요 증가는 공원녹지 조성에 많은 영향을 주었다. 그 결과 서울대공원, 올림픽기념공원이 조성되었으며, 서울시의 이전적지 공원화 사업으로 시가지 내의 군부대 및 학교 이전지(移轉地)에 공원이 조성되었다. 강북의 학교가 강남으로 이전함에 따라 경희궁공원(전 서울고교), 원서공원(전 휘문고교), 수송공원(전 수송초등학교), 배재공원(전 배재중고교), 손기정공원(전 양정고교)이 조성되었고, 군부대 이전지에는 보라매공원(전 공군사관학교), 문래공원(전 육군 제6관구사령부), 노량진공원(전 공군본부) 등이 조성되었다.

지방자치시대의 도시공원

1990년대의 제일 중요한 변화는 본격적인 지방자치시대의 시작이다. 최초의 지방자치법은 1949년에 제정되었으나 한국전쟁과 공화국 시기를 거치며 모든 권력과 재정은 중앙정부에 집중되어있었다. 1995년 6월 27일 제1회 전국동시지방선거가 실시로 민선체제가 도입된다. 기존 관선 시장은 임기가 평균 6개월에서 1년 반 정도였으나 민선 시장은 4년으로 더 길다보니 시정 측면에서도 많은 변화가 나타났다. 문민정부, 국민의 정부 시대로 들어서면서 공원녹지정책은 민선 시장의 주도로 이루어지게 되어 공원녹지사업은 민선 시장의 임기 내에 수행 가능한 계획을 중심으로 추진되었다.

서울에 본격적으로 공원이 조성되기 시작한 것은 1995년 초대 민선 시장인 조순 전 서울시장 이후부터이다. 공원녹지에 관심이 많았던 시장의 정책적 영향으로 쾌적한 도시환경을 만들어가는 공원화 사업이 진행된다. 이와 함께 공원녹지에 대한 시민 의식이 높아진 1990년대 후반부터는 지속 가능한 개발에 대한 사회적 논의가 시작되었으며, 금전적 이익과 개발이 환경에 미치는 영향을 고려해야 한다는 인식이 넓게 확산되었다. 그 결과, 남산제모습가꾸기사업으로 남산외인아파트가 철거되어 공원용지로 지정되었으며, 그간 조성되지 않은 부지와 유휴공지의 공원조성계획도 적극적으로 추진되었다.

1995년에 계획된 서울특별시 「서울시 공원녹지확충5개년계획」으로 영등포 시립병원, OB맥주 공장, 천호동 파이로트 공장, 동대문구 전매청 창고, 성수동 삼익악기 공장, 등촌동 성진유리 공장 등 공장 및 시설 이전지를 대상으로 공원화가 추진되었다. 도시개발이 우선시되는 분위기 속에서 공장 이전지 여기저기에서 아파트 또는 상업공간으로 개발하려는 세력과의 갈등

전매청 창고부지에 조성된 간데메공원

도 있었다. 하지만 녹지확충사업을 적극적으로 추진한 덕분에 공장 인근 주민과 많은 시민이 누릴 수 있는 공원으로 탈바꿈하였다.

OB맥주 공장 부지에 건설한 영등포역과 인접한 영등포공원에는 운동 및 문화 시설이 들어섰으며, 파이로트 공장 이적지에 조성된 천호동공원에는 야외공연장과 잔디광장, 자연학습장이 조성되었고, 삼익악기 공장 자리에는 운동시설과 산책로가 만들어졌다. 다른 공원들과 함께 공원조성이 추진되었던 대선제분 부지는 당시에는 공원으로 조성되지 않았으나, 최근 도시재생 이슈와 함께 복합문화공간 조성을 위한 움직임이 시작되고 있다. 대선제분 부지는 1936년에 지어져 운영되다가 2013년부터 가동의 중단과 함께 폐쇄되었던 공장 부지로, 현재 근대산업문화유산으로 남겨진 모습에서 어떤 색다른 모습으로 변신해서 소통할지 기대된다.

도심 내 녹지 확보를 위해 여의도공원, 용산가족공원, 월드컵(난지도)공원도 조성되었다. 1980년대까지 평소에는 시민들의 여가공간으로, 필요시에는 국가행사장소로 활용되었던 여의도광장은 1996년부터 추진된 도심공원화 사업을 통해 새로운 모습으로 변화하게 된다. 조성 과정에서 여러 갈등이 있었으나, 최종적으로 1996년 12월 여의도광장 공원화 기본구상안을 확정하고 1997년 4월 공사에 착수하였다. 진행 과정에서 생긴 여러 갈등으로 인해 예정보다 늦은 1998년 10월부터 부분적으로 공개한 후 1999년 2월 완전히 개장되었다.

시민들의 공원이용측면에서도 이용통제로 인해 적극적 이용이 불가능했던 공원시설을 이용객 편의 위주로 개편하였다. 대표적인 예로 낮은 철제 담장과 함께 '들어가지 마시오'라는 팻말이 있던 잔디밭이 1996년부터 개방되었다. 또한 공원이용객이 참여할 수 있는 다양한 프로그램 운영이 추진되었으며 야외결혼식 장소로 이용할 수 있도록 공원 내 공간을 정비하여 필요한 시민에게 개방하였다.

이러한 움직임은 이용자 측면만이 아닌 생태적인 부분에서도 변화를 가져왔다. 생태환경에 대한 대한 관심 증가와 함께 생태학습 및 생태계 복원 필요성을 공감하는 여론이 형성되기 시작하였다. 이러한 인식 전환으로 양재천이 자연형 하천으로 거듭났으며, 여의도 샛강생태공원, 길동생태공원 등이 조성되었다. 난지도 매립지는 안정화 작업과 오염방지시설 공사를 통한 공원화 사업 추진으로 월드컵공원으로 탈바꿈하였다. 그 외에도 골프연습장이나 대규모 리조트 개발, 그리고 그로인한 자연환경 훼손에 대한 갈등

은 점차 고조되어 시민단체 활동이 다양한 형태로 나타나기 시작한다.

2000년대로 넘어오면서 선유도공원, 서울숲, 북서울꿈의숲, 서서울호수공원 등 서울시의 거점녹지라고 할 수 있는 대형공원이 조성되었고 청계천 복원되었다. 시간 순서대로 하나씩 간략하게 살펴보자.

선유도공원은 서울 서남부 지역의 수돗물을 공급하던 선유정수장이 2000년에 폐쇄되면서 '새서울 우리 한강사업' 일환으로 추진되었다. 기존 정수장 시설을 활용하여 재생공원 조성을 처음 시도한 사례로 여전히 많은 사람들의 사랑받는 대표 공원으로 손꼽힌다.

2005년에는 세계적으로 주목받은 청계천이 복원되어 개방되었다. 과거의 청계천은 1760년 조성된 후 영조 때 원형이 완성되어 남촌과 북촌을 구분하는 경계선이자 서민들의 생활터전이었다. 일제강점기 조선총독부는 대륙 침략 수송로로 활용하기 위해 세종로 사거리에서 무교동까지 청계천을 복개하였다. 광복과 6·25 등의 혼란을 거치면서 방치되다가 광교에서 신답철교까지 순차적인 복개가 이루어졌다. 복개 이후 도로로 이용되던 청계천 위로 1958년에 청계고가도로가 건설되었다. 시간이 흘러 2000년대에 들어서서 청계고가도로에 대한 안전문제가 여러 차례 제기되었다. 이후, 2003년 7월부터 복개된 도로를 걷어내고 청계천을 복원하는 공사가 시작되었다. 임기 내 정책사업을 완료하려는 정치적 목적으로 너무 성급하게 조성되었다는 지적도 있지만, 현재 많은 시민이 이용하는 서울의 대표 장소로 손꼽힌다.

같은 해, 뚝섬 서울숲공원도 개장되었다. 뚝섬은 조선시대에는 사냥터로 사용되었으며, 1954년에는 서울경마장, 이후 골프장을 거쳐 1986년에는 체육공원 및 승마장으로 이용되었다. 뚝섬 일대의 35만 평은 서울시의 도심부에 유일하게 남아 있는 대규모 미개발지여서 1990년대에 이미 여러 번의 뚝섬지구개발계획안이 발표되었을 만큼 도시화 과정에서 큰 관심을 받고 있었다. 대규모 체육공원계획, 국제첨단업무단지, 복합관광타운 등 다양한 개발계획안이 발표되었던 이 곳은 서울 동북부지역의 대규모 녹지공간 확보 정책 방향에 따라 2004년 친환경 생태형 테마공원으로 최종 결정되었다. 하지만, 공원주변 개발 이슈는 여전히 존재한다. 최근 서울시는 서울숲 주차장을 녹지에서 준주거지역으로 변경하고 삼표레미콘 공장부지를 활용하는 방안을 추진하고 있다. 서울의 대표공원인 서울숲이 어떻게 바뀔지 그 과정을 함께 지켜볼 필요가 있다. 또한 공원이 지역 부동산 가격 미치는 영향에 대해서도 심도있는 고민이 필요하다.

지금은 사라진 드림랜드를 기억하는 사람이 있을지 모르겠지만, 드림랜드는 1987년 서울시 종합휴양업 제1호로 개원하였다. 2008년 운영 중단과 함

최근에 개장한 서울식물원 모습

께 폐원한 드림랜드 자리에는 국제현상공모를 통해 2009년 10월 북서울꿈의 숲이 조성되었다. 이 밖에도 개발제한구역(그린벨트) 내 유휴공간을 활용한 중랑구 망우동 나들이공원과 강동구 암사동 역사생태공원이 조성되었다.

2010년 이후에는 산업유산과 노후시설의 재생을 중심으로 한 공원들이 조성되었다. 기존 구로구 항동저수지를 살려 최초의 시립수목원인 푸른수목원이 문을 열었고, 폐선 부지를 활용한 경춘선숲길과 경인선숲길, 석유비축기지를 재생한 문화비축기지와 더불어 최근에는 마곡 서울식물원이 개원하였다. 더 이상 대형부지를 확보하기 힘든 상황에서 공원녹지는 이제 어떤 방향으로 나아가야 할까. 모두의 관심이 필요하다.

2장. 자연을 담은 공원

국내 계획공원 1호, 삼청공원

· 공원위치 : 서울시 종로구 삼청동
· 공원면적 : 372,428㎡
· 지정연도 : 1940년 3월 12일
· 조성연도 : 1984년 3월 12일

북악산 자락의 그곳

　이미 널리 알려져 특별한 설명이 필요 없는 서울의 명소 삼청동. 삼청동 명칭은 조선 중종 때까지 삼청전(三淸殿)이 자리하고 있었다고 하는 데서 유래하였다. 삼청동 일대는 삼청동만의 독특한 분위기가 있어서 드라마, 영화(홍지영의 <키친>), 독립영화 등 촬영장소로 자주 이용되고 있으며, 소설(신경숙의 <바이올렛>)에서도 골목골목 자세히 묘사될 정도로 특유의 분위기가 있다.

　삼청동길은 1990년대 인사동 예술가들이 사간동과 삼청동에 하나둘씩 자리 잡으면서 주변 지역경관과 어울려 독특한 매력으로 사람들의 주목을 받게 되었다. 서울에서도 오래된 동네 중 하나인 삼청동은 그렇게 조금씩 변하였다. 늘어나는 방문객으로 삼청공원도 유명해질 만도 한데, 워낙 삼청동

삼청공원 정문

안쪽에 자리해서 그런지 여전히 모르는 사람이 더 많은 것 같다.

삼청공원은 조선시대 한양도성 북문인 숙정문(肅靖門)[14]이 자리한 북악산 자락에 있다. 삼청공원은 지리적인 위치로 인해 숙정문 및 북악산의 시간과 그 역사를 같이한다. 숙정문은 음양오행 중 음(陰)에 해당한다고 하여 가뭄이 들었을 때만 기우(祈雨)를 위해 문을 열고, 특별한 목적이 없을 때는 폐쇄하였다. 그런 연유로 숙정문은 평소에 사람 출입이 거의 없었다고 한다. 지금은 많은 사람이 방문하는 북악산은 1968년 1·12사태(김신조 사건)[15] 이후 일반인 접근이 금지되어 한동안 갈 수 없었다. 삼청공원이 서울의 안보상 중요한 북악산 자락에 있다 보니 군사시설이 다수 위치하고 있어서 자유로운 출입이 불가능하였다. 이때만 해도 길을 잘못 들어섰다가 총을 맞을 수도 있다는 소문이 돌기도 했다. 실제로 30년 전에는 삼청동 계곡 개울가에서 가재를 잡는 것에 정신이 팔려 계곡을 따라 산 위로 올라간 동네 아이가 군인에게 발견되어 신분 확인 후 풀려난 일화도 있다.

삼청공원과 북악산 일대는 그렇게 한동안 사람의 발길이 끊어진 채로 있다가 2006년부터 시작된 철책 철거와 등산로 정비사업을 통해 북악산 한양도성 성곽길 구간이 개방되면서 시민의 곁으로 돌아왔다. 2020년 11월, 북악산 성곽 북쪽 구간이 개방되었으며, 남쪽 구간도 2022년 개방 예정이다. 이제 북악산 둘레길이 모두 연결될 날이 머지않았다. 북악산 등산로 연결 및 정비를 통해 둘레길이 개방되면서 등산로 시작점인 삼청공원에도 등산객들의 방문이 이어지고 있다.

지금은 삼청터널을 통해 삼청동과 성북동 사이를 쉽게 오가지만, 삼청터널이 개통되기 전만 해도 두 지역은 단절되어 있었다. 박정희 정권 시절

성북동을 고급주거지역과 외교 사저로 개발하면서 1971년에 삼청터널이 개통되었다. 그 이전만 해도 삼청동은 북악산에 둘러싸여 안쪽으로 깊숙이 자리 잡은 지리적 특성과 조선시대부터 권문세가들이 살던 지역이었던 이유로 외지인들이 쉽게 오가거나 방문하는 동네는 아니었다고 한다.

그런 분위기에서도 서울에 몇 군데 없는 여가 공간 중 하나인 삼청공원은 공식적으로 공원이 되기 전에도 경관이 수려하고 도성과 가까워서 자연을 찾는 사람들이 방문하여 휴식을 즐기는 명승지로 이용되었다. 삼청공원이 정식 공원으로 조성된 후에는 도심 속에서 가까운 자연을 만나기 위해 방문하는 장소가 되었다. 청와대 근처에 있어서 역대 대통령과 영부인의 외부 공식 활동을 위해 이따금 방문하기도 하였고, 공무원들이 식목일 행사 등을 위해 방문하는 공원이기도 하다.

지역주민들에게 삼청공원은 어떤 의미인지 물어보니, 동네 주민 중에는 공원을 자주 방문하는 사람들이 있는가하면 공원이 있는지 잘 모르는 사람들도 꽤 있다. 아마도 삼청동 안쪽, 북악산 자락의 청정지역인 감사원에 자리하고 있어서 일부러 찾아오지 않으면 모르고 지나치기도 하는 것 같다. 오래전부터 근처 동네에 사는 토박이 주민들은 맑은 계곡과 울창한 숲이 있는 삼청공원을 아침저녁으로 찾았다. 2003년 7월 7일 자 종로구의회 회의록에는 하루에 공원을 이용하는 주민의 수가 2천여 명이 넘는다고 기록되어 있다. 동네 주민들은 아침이면 삼청공원의 약수터에 줄을 서서 물을 받아가고, 평일 저녁이나 주말에는 가족과 함께 산책과 휴식을 하며 여가시간을 즐겼다. 학생들은 하교 후 공원 운동장에 모여 밤늦게까지 농구를 하고, 동네 주민들도 삼삼오오 모여 매점에서 음식을 먹거나 벤치에 앉아 담소를 나누는 동네사랑방 같은 장소였다. 여름에는 계곡에서 발을 담그고 물놀이를 하고,

봄에는 꽃놀이, 가을에는 단풍놀이를 할 수 있어서 사계절 내내 사랑을 받는 곳이었다.

현재는 계곡의 가재도 사라지고, 공원시설도 예전과는 많이 달라진 모습이지만, 여전히 도심과 가까워 쉽게 갈 수 있는 자연 친화적인 숲 속 공원이다. 이곳에 오랜 세월에 걸쳐 가꾸어진 울창한 산림과 잔잔한 계곡의 물소리는 잠시 세상과 단절되어 도심의 복잡함을 잊게 해 준다. 지금도 이런 삼청공원만의 느낌을 좋아하는 주민들과 관광객의 발길이 여전히 끊이지 않는다.

조선총독부 고시 제208호
경성시가지계획공원 결정고시
(1940년 3월 12일)
ⓒ국립중앙도서관

도시계획공원 제1호로 지정된 삼청공원

삼청동 계곡에 공원을 만들자는 여론이 형성되기 시작한 것은 1928년부터이다. 도시계획의 일환으로 1934년 3월 삼림공원(森林公園)으로 지정되었으며, 1940년 3월 12일, 조선총독부 고시 208호에 따라 도시계획공원 제1호로 지정되어 삼림공원에서 도시공원으로 변경되었다.

1928년 8월 16일 자 동아일보에는 북부공원설계도면이 실렸는데, 기사에 실린 설계 도면에는 경성부가 계획한 공원 부지 내에 동덕여학교의 학교 부지 청원지와 인근의 중앙학교 부지가 함께 표시되어 있다. 이 도면은 삼청공원 관련 확인된 도면 중 가장 먼저 제작된 것으로 아마도 공원조성 여론이 형성되던 시기의 도면으로 보인다. 이후 1932년 발표된 공원계획도에는 북부공원이 아닌 삼청공원이라는 이름으로 변경, 표기되었다. 이후 경성부가 총독부로부터 삼청골 일대 국유림 5만 평(165,290㎡)을 빌려 약 오천 원의 예산을 계상하여 공원을 조성하였다. 국가기록원 보유문서인 국유임야대부원의 건에 따르면 공원용지용 국유림 대부허가 요청 건은 1930년 4월 25일 제출되었고 이를 바탕으로 1934년 3월 9일 총독부가 공원 공사를 허가하였다. 해당 문서에서는 삼청동 2-1번지, 산 2-2번지에 대해 1934년 3월부터 1949년까지 15년간 사용을 허가하고 있으나, 광복과 한국전쟁으로 허가 기간은 큰 의미가 없게 되어 이 일대는 계속 공원으로 이용되었을 것으로 짐작된다. 1933년부터 진행된 공원조성사업으로 삼청공원에는 순환도로·산책도로·정자·벤치·풀장 등이 조성되었는데, 다른 시설들은 세월이 흐르면서 거의 사라졌지만 '일청교(一淸橋)'는 지금까지 남아 있어 공원 후문 쪽에서 만날 수 있다.

1945년 광복 이후, 거듭된 전쟁과 지리적 위치로 인해 삼청공원은 공원

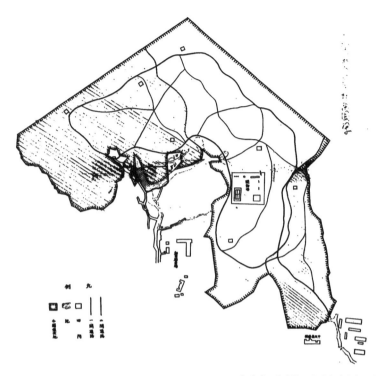

1932년 삼청공원계획도 ⓒ서울역사박물관

기능을 상실하고 군사적 기능과 전쟁의 아픔을 품은 장소가 되어 버렸다. 서울의 북쪽 경계에 위치한데다 깊은 산세가 형성되어 있고, 삼청터널과 삼청로 조성 이전에는 도심부와 가깝지만 외진 곳에 있다 보니 시체유기, 아동납치사건 등 사건·사고의 주요 장소가 되었다. 또한, 다른 공원도 그러하였듯이 전쟁 이후 북악산 능선과 삼청공원 부지에 불법건축물이 한 채, 두 채 늘어나면서 거주지를 형성하였다.

1950년대 중반부터 전쟁으로 망가진 도시 복구가 진행되었다. 도시공원

삼청공원의 후문, 일청교

황폐화를 막기 위해 1959년에는 남산공원, 삼청공원, 사직공원 등 10개의 주요공원 중심으로 공원시설을 정비하였다. 그중 삼청공원에서는 350만 환의 예산으로 어린이놀이터, 운동시설 등 공원시설을 개선하고 산책로와 계곡을 정비하였다. 이러한 공원 정비에 힘입어 아이들은 삼청공원에서 버찌(벚나무 열매)를 따 먹고 계곡물에서 물놀이를 하였고, 지역주민과 인근 학교에서도 공원을 자주 찾아 휴식과 여가를 즐겼다. 하지만 당시 공원의 낮과 밤은 다른 모습이었다. 50~60년대의 시대적인 상황에서 비롯되었겠지만, 삼청공원에서는 불량배, 유괴, 강도, 살인사건, 자살 등 사건이 종종 발생하여 기사화되었다. 당시 대공원 또는 유원지로 불리던 남산공원, 장충단, 효창공원 등도 비슷한 상황이었다. 이 때문에 서울시내 주요 공원은 우범지역으로 분류되어 경찰관이 고정적으로 배치되었다.

"서울시 내 장충단 공원, 효창공원, 삼청공원 등 각 공원구내에는 6.25 이후 불법매장한 시체 또는 그대로 내다버린 시체를 많이 발견할 수 있는 바 암장은 즉시 발굴하여 공동묘지로 이장해야 할 것이며, 차후 이같은 암장이 발견될 경우에는 용서없이 처단할 방침이라고 경고하였다."(조선일보 1951.10.17.)

"세월이 갈수록 나아지지 못하고 점점 퇴폐해서 신성하고 깨끗해야할 공원이 지극히 더러울 뿐더러 남보기에 부끄러울 상태에 있으니 ...(중략)... 특히 그 공원 내 변소가 말할 수 없는데 가일층 주의를 시켜서 그런 것을 깨끗이 시키겠고 또 놀러온 시민의 부주의로서 모든 것을 더럽히고 한 것도 거기에 해당직원에게 주의를 촉진해서 곧 그런 것을 깨끗이 되는 방향으로 주의를 시키겠읍니다. 우리 시민의 공중위생 관념이 높아지고 해서 자체의 변소사용 이라든가 와서 놀고서 버리고 가는 것 등 이것이 좀 주의해주는 편으로서 시민계몽들도 서로 자치적 의도에서 확보해나가도록 협조해주시면 대단히 고맙겠읍니다."(서울시의회 1961.1.10.)

1967년 도심부 재개발 사업 시작을 계기로 삼청공원에도 공원시설 개선 사업이 진행된다. 민간자본을 유치하여 국제규격의 수영장과 어린이놀이터, 5층 규모의 기념관 등의 시설을 공원 내에 설치하는 사업이었다. 개선사업의 진행에 따라 1968년 9월 11일 삼청공원에서 수영장과 어린이놀이터 기공식이 열렸다. 1970년부터 한강에서 더는 수영을 할 수 없게 되면서 서울 시내 각지의 수영장의 인기가 많았는데, 구청에서 직접 관리하던 삼청공원 수영장은 도심에서 가까운 위치에 저렴한 가격으로 이용할 수 있어서 가족 나들이 방문객들에게 인기가 많았다. 당시 삼청공원 아동용 수영장은 이용료가 10원이었고, 겨울에는 이곳에 스케이트장도 운영하였다고 한다. 하

1968년 삼청공원 계획도 및 조감도 ⓒ서울역사박물관

지만 계획되었던 다른 시설은 1969년에도 아직 공사가 완공되지 않았다는 기사가 보도되었고, 이후에도 다른 시설에 대한 내용이 확인되지 않으며 현재 공원에도 전혀 흔적이 없는 것을 볼 때, 아마 비용조달이 가능한 일부 시설만 조성하고 그 외 시설은 계획대로 추진되기 어려웠던 것으로 짐작된다.

본격적으로 공원 조성 사업이 진행된 것은 한참 뒤인 1984년 이후의 일이다. 공원 광장을 팔각정으로 변경하고 화장실과 어린이놀이터를 신설하였으며, 공원의 생태 기능을 활성화하기 위해 삼청공원 수풀에 조류와 다람쥐, 토끼 등을 방사하였다. 또한, 아까시나무의 번식과 병충해로 집단 고사한 소나무의 생육환경을 개선하는 사업도 진행하였다. 1980년대 말에 들어서는 주중 체육활동과 주말의 가족여가활동 증가로 공원은 점점 활성화되었다.

공원을 찾는 시민이 점차 증가하면서 2006년부터 생태연못을 조성하고 삼청근린공원 일대 등산로 정비 사업을 5년에 걸쳐 추진하였다. 삼청공원에서 북악산 말바위로 올라가는 산길은 2006년 여름, 철책 철거를 시작하여 가을에 완성되었다. 여전히 신분 확인이 필요하기는 했지만, 그동안 갈 수 없었던 등산로 구간에 접근이 가능해진 것이다. 서울성곽을 개방한 후에는 자연훼손을 우려하여 삼청공원 테니스장 입구에서부터 공원 후문에 이르는 약 185m 구간에 나무데크로 된 산책로를 조성하였다. 2008년에는 잔존 철책 철거 및 등산로 정비를 통해 산책로 구간을 북악산 둘레길까지 연결하고 완전히 개방하였다. 이어 2010년부터 지속적으로 삼청공원~말바위~와룡공원~계동 산길을 연결하는 산책로를 정비하고 콘크리트 포장을 마사토 포장으로 변경하여 북악산을 찾는 많은 사람의 발길이 삼청공원에도 머무른다.

근대에 조성되어 현대로 넘어오면서 삼청공원은 많은 변화를 겪었다. 우선 공원에서 연결되는 북악산 산책로 조성 및 개방으로 최근 공원을 찾는 이용자가 증가하였다. 북악산 자락에 위치한 삼청공원은 일반적인 도시공원과는 다르다. 봄이면 벚꽃이 흐드러지게 피어서 벚꽃 눈이 내리고, 여름에는 시원한 계곡과 울창한 나무 그늘의 시원함으로 더위를 잊게 하고, 가을이면 알록달록 단풍과 도토리, 솔방울, 산수유 열매가 눈을 즐겁게 하고, 겨울에는 눈 쌓인 겨울나무가 겹겹이 중첩된 풍경으로 운치가 느껴진다. 도심과 가까이 위치한 도시공원에서 이런 수림과 청정함을 느끼기는 쉽지 않다. 이러한 경험은 우리가 삼청공원과 같은 산지형 공원에 더 많은 애정을 쏟아야만 하는 충분한 이유이지 않을까.

삼청동천 계곡과 공원의 비경, 영무정

　지역주민들과 이야기를 나눠 보면 삼청공원에 대한 추억으로 공원의 계곡에서 돌을 들추며 가재를 잡던 일과 여름에 물장구 치던 일이 가장 많이 언급된다. 그도 그럴 것이 삼청공원은 산기슭에 있어서 조금만 걷다 보면 계곡을 쉽게 만날 수 있다. 조선시대에 가장 아름다운 계곡이었다는 삼청동천은 북악산 동쪽 기슭에서 시작하여 삼청공원을 거쳐 국립현대미술관과 동십자각을 지나 청계천으로 합류한다. 삼청동천은 1965년에 복개되어 삼청로가 되었다. 삼청동천의 하류, 동십자각 남쪽은 중학천(中學川)이라고 부르는데, 조선시대에는 청계천의 지천 가운데 가장 규모가 컸다고 전해진다. 2009년 중학천 복원공사가 진행되면서, 과거 중학천 자리에는 사라진 물길을 기억할 수 있게 중학천 석축 유구가 남겨져 있다. 업무를 위해 그 곳을 자주 지나가는데, 최근에는 거의 물이 말라있어서 안타깝다. 물에는 기억이 있다고 했던가. 삼청공원을 지나 경복궁 담장 옆으로 흘러가던 삼청동천은 아마도 이곳의 역사를 다 기억하고 있을지도 모른다.

　"효자로나 삼청로나 가회로나 전부 개천이에요. 이거 청계천처럼 다시 옛날처럼 복원한다고 하면 삼청동은 삼청터널 들어갈 수도 없어요, 거기가 옛날에 어떤 길이었었느냐 하면 동십자각에서 차가 안 가니까 어디로 가느냐 하면 청와대 들어가는 길 오른쪽에 팔판동이라고 있습니다. 그 길이 유일하게 차 다니는 길이에요. 차가 개천이 있으니까 못 다녀요. 그리 해서 삼청공원을 갔다고. 그 차가 딱 가는 데가 어디냐 하면 총리공관까지만 차가 갔어요. 그 이후부터는 도보로 해가지고 딱 막혔단 말이에요. 삼청터널이 생기기 전에는." (종로구의회, 2007.9.6.)

일제강점기에 주거지가 집중적으로 형성되기 전까지만 해도 삼청공원 일대는 동네 아이들은 물론 어른까지 모여 한여름에도 시원함을 즐기던 장소였다. 여름이면 동네 아이들은 물장구를 치며 놀고, 어른들은 시원한 계곡물에 발을 담그며 더위를 잊었다. 하지만 지금은 새로 조성된 나무데크 위로 산책하는 사람들이 지나다닐 뿐, 말라버린 계곡 근처는 사람들이 찾지 않는 공원의 변두리로 변해 버렸다.

삼청터널로 가는 길목에 있는 삼청공원 후문으로 들어서면, 영무정 보존회에서 세운 영무정 시비가 있고 그 옆에 작은 길이 나 있다. 좁은

영무정 진입로

길을 따라 깊숙이 들어가면 삼청공원의 비경, 노천목욕탕인 영무정이 있다. 1964~5년경 지역 어른들이 단을 쌓아 계곡물을 담아두고 냉수욕을 하였는데, 이것이 영무정 노천탕의 시작이다. 새벽에는 운동을 끝낸 주민들이, 초저녁부터는 일을 끝낸 인근 주민들이 애용하고, 휴일에는 한적하게 노천욕을 하고 싶은 사람들도 자주 이용했던 삼청공원의 숨은 핫플레이스이다. 특히 무더위가 기승을 부리는 여름철 주말에는 삼청공원 다른 계곡과 함께 아이들의 물놀이 장소로 손꼽히는 장소였다.

영무정 계곡에서 물놀이하는 아이들 모습 재현

혼자 몇 차례 공원답사를 할 때는 영무정을 쉽게 찾지 못했다. 현장 인터뷰를 진행하며 주민과 함께 가 보았는데 외지인이 쉽게 들어설 수 있는 곳이 아니었다. 산세에 숨어 있는 계곡부에 조성된 널찍한 공간은 신기하고 놀라웠다. 영무정은 '금녀의 구역'이라고도 불리는데, 인터뷰에 응해준 지역주민 중에도 들어본 적은 있으나 직접 와 본 적은 없다는 주민도 꽤 있었다. 최근 영무정 노천탕을 금지하기 전에는 영무정 위쪽에 조성된 산책로에서 보일까 봐 영무정 주변을 펜스와 천막을 둘러서 외부에서는 절대 보이지 않았으며, 단지 사람의 기척으로 사용하고 있음을 짐작했다고 한다.

영무정 주변으로는 누가, 언제, 어떻게 공사를 했는지 정확히는 알 수 없으나 계곡물을 받아 두려고 막아 놓았다가 철거된 흔적과 계곡물을 사용하려고 조금씩 손을 본 흔적이 그대로 남아 있다. 플라스틱 바가지도 여전히 그 자리에 방치되어 있었다. 몇 번의 현장 인터뷰를 통해 사용하는 사람들이 사용하기 편하게 조금씩 손을 보다 보니 지금의 모습이 되었다는 것을 알게 되었다. 종합해보면 아마도 이곳은 아마도 처음에는 주변 산세와 함께 호젓하게 계곡을 즐기는 장소였을 것이다. 좋은 경치에 시원하고 맑은 물이 흐르니 더운 여름 어느 날 계곡물을 막아 시원하게 목욕을 즐기기 시작하였으리라. 그리고 영무정에 오가기를 쉽게 하려고 계곡물이 통과하는 부분을 정비했으리라 추측해 본다. 영무정은 처음부터 노천탕으로 이용된 것이 아니라 조금씩 이곳에 애착을 두게 된 사람들의 손에 의해 변화하였던 것이다. 그렇게 사랑을 받던 장소에 남은 흔적에는 무슨 사연이 있는 건지 궁금해졌다. 찾아보니 1990년대에는 종종 언론을 통해 남성전용 노천탕 또는 도심 속의 낙원으로 소개되었다. 참고로 그때 당시 기사 내용과 함께 실린 사진에도 계곡물을 받아 만든 야외노천탕을 강조하고 있다. 2000년대 들어서면서부터 공원 이용에 대한 인식이 변하면서 공공 공간인 도시공원 내에서 이루어지는 노천탕 냉수마찰과 비누목욕을 금지해 달라는 민원이 증가하였다. 구청에서는 철거를 고려하였으나 그때마다 노천탕 폐쇄를 원하는 사람들과 영무정 보존회 간의 갈등으로 철거는 계속 지연되었다. 시간이 지나면서 갈등이 잠잠해진 것일까?

2003년에는 5천여만원의 예산을 들여 오래되어 낡아 한쪽으로 기울어진 정자를 보수하고, 영무정근처에 2m 높이의 가림막을 설치하여 외부에서 쉽게 안을 들여다 볼 수 없도록 했다. 2008년에는 영무정을 재조성하면서 바닥에 방부목도 깔고, 영무정으로 내려오는 계단과 난간도 함께 정비되었다. 영무정 시비는 영무정을 다시 만든 기념으로 세운 것이다. 초기의 영무정은 언제 지어졌는지 정확히 모르지만, 아마도 노천탕이 시작된 때와 비슷한 시기에 조성되었을 것으로 추측된다. 리모델링으로 현재의 영무정 모습이 되었고, 그 이후에도 영무정을 애호하는 사람들의 발길은 계속되었다.

영무정 시비

그러나, 영무정의 노천탕이 오래 지속되지는 않았다. 2015년 12월 삼청동 주민자치위원회의 철거 결정으로 영무정 노천탕 철거가 시작되었다. 하지만 1960년대부터 많은 사람들이 사랑하던 곳이고, 사용되었으며 이 또한 공원이용형태 변화의 산증인이며 삼청공원의 역사를 보여주는 장소라는 의견으로 전체를 철거하지는 않았다. 노천목욕을 위해 가려져 있던 펜스와 가림막을 제거하고, 계곡물을 막고 있던 콘트리트 벽체가 철거되었다. 영무정 근처에 비누사용 금지 및 벗고 씻지 말라는 경고문을 붙이는 것으로 정리되었다. 지금도 공원의 숨은 장소, 영무정에 가 보면 예전의 모습이 어떠했는지를 짐작할 수 있다.

맑은 물로 이름난 삼청공원의 약수터도 중요한 추억의 장소이다. 예전부터 삼청공원의 물은 맑기로 유명했다. 어릴 때 TV에서 '북청 물장수'라는 코미디 프로그램을 본 적이 있다. 너무 오래되어 기억이 흐릿하지만, 출연진들이 어깨에 지고 있던 물지게는 또렷이 생각난다. 북청 물장수는 일제강점기에 함경도 북청 사람이 서울에 와서 물장수 일을 하는 데서 유래하였는데, 상수도가 확장되기 전까지 삼청동 계곡에서 내려오는 물을 장안 곳곳에 새벽마다 배달하였다고 한다.

북악산에서 내려오는 약수터가 많은데, 그중 두 곳이 삼청공원에 있다. 하나는 운룡마을에 있는, 뛰어난 물맛으로 유명한 성제정(성제우물)이다. 북두칠성에 제사를 올릴 때 사용했다고 전해지는 성제우물은 위장병에 특효가 있었다고 하며, 조선 정조 수라상에 진상되었다고 한다. 성제우물을 마시며 소원을 빌면 꿈에 백악산 산신령이 나타나서 소원을 들어준다고 했는데, 이는 아마 성제우물이 그만큼 영험했던 기운이 있었음을 의미하는 것이리라.

이제는 아무도 이용하지 않은 삼청약수터

 또 다른 약수터는 공원 내 유아숲체험장 물놀이터 근처에 있다. 이곳에서 이른 새벽마다 주민들이 길게 줄을 서서 물을 받았다고 하며, 물이 맑고 맛이 좋아서 조금 떨어진 동네 주민도 일부러 물을 받으러 삼청공원으로 왔다고 한다. 아침마다 부지런히 와서 줄을 서서 약수도 받고, 동네소식도 나누는 새벽 사랑방 역할을 했던 것이다. 삼청공원을 배경으로 한 새벽운동과 약수터 이야기는 당시 신문 연재소설에서도 종종 등장한다. 삼청공원에서 새벽 운동을 하고 나서 약수 한 사발을 들이켜면 피곤이 싹 가시고 경쾌한 하루가 시작되는 느낌이어서 동네 주민들이 새벽운동을 마치고 나면 이곳에서 꼭 목을 축였다고 하며, 전날 과음을 했다면 숙취 해소를 위해 출근길에 들러 마시기도 했다고 한다.

지금은 막혀버린 약수터

　"삼청공원 내에 약수가 있습니다만, 지금 약수관리가 대단히 잘못되어 있어서 별도로 지하수를 하나 파가지고 삼청공원을 출입하는 시민들에게 양질의 물을 풍부하게 공급하고 민원도 발생하고 해서 예산에 계상되어 있습니다."(종로구의회 1991.8.20.)

　하지만 도시환경의 변화로 지하수가 오염되어 약수터 이용이 어려워졌다. 약수터 수질검사 결과, 라돈 검출로 음용 부적합 판정을 받아 삼청공원 약수터는 1991년 폐쇄되었다. 이후 공원 정자 근처로 약수터를 옮기고 수돗물을 트는 방식으로 변경하여 지하수를 공급하였으나 그마저도 음용 부적합 판정으로 2012년부터 폐쇄되어 더는 이용할 수 없게 되었다. 삼청공원은 아니지만, 아침마다 약수터에 다녀오신 할아버지에게 한 사발씩 물을 얻어 마시던 나로서는 삼청공원의 맑은 물을 다시는 맛볼 수 없게 되어 버린 것이 못내 아쉽다.

당시 약수터를 자주 이용했던 동네주민들의 이야기도 내 마음과 비슷하다. 나의 가벼운 질문에 다들 약수터가 있던 시절의 추억을 한가득 쏟아 내놓는다. 아이들과 함께 일찍부터 집을 나서서 물을 받아가던 일, 새벽마다 옆 동네로 이사 간 친구와 약수터에서 만나던 일, 늦게 와서 물을 못 받아갔던 추억을 서로 이야기하는가 하면, 물맛이 아주 시원하고 좋았는데 이제는 맛볼 수 없게 되었다는 것에는 모두 매우 아쉬워한다. 공원을 정비한다고 하면서 계곡을 현대화하고 지하수를 뚫어서 약수가 마른 것이라고 불만을 토로하는 사람도 있고, 자연스럽게 나오던 물을 끊어 버려서 공원 내 계곡이 건천화되었다며 자연에는 사람의 인위적인 손을 최소화해야 한다고 안타까워하는 주민도 있다. 한 할아버지는 억지로 지하수를 뽑아 올리는 바람에 공원 내 물이 말라 버려 아들과 가재 잡고 놀던 계곡에서 손주에게는 가재를 잡을 기회가 사라졌다며 그 시절의 추억 가득한 옛날 이야기를 풀어내신다.

10년 전만 해도 삼청공원은 산에서 내려오는 계곡물로 다른 공원보다 수량이 충분하여 갈수기 때도 삼청로변 계곡과 약수터 쪽 계곡은 물이 적당히 흐를 정도가 유지되었다. 영무정에서도 탕목욕이 가능하고 계곡에서도 물놀이를 할 수 있을 정도로 물이 넉넉했다. 또한 청류객이라 불리는 계곡 가재가 서울 시내 근린공원 중 삼청공원에서만 발견될 정도로 깨끗한 물을 자랑하였다. 하지만 지금은 점점 건천화되어 계곡이 바닥을 드러내고 있다. 이에 삼청공원 계곡의 건천화 방지와 공원 개선을 위해 2007년부터 계곡물을 저류하여 수생식물과 물고기의 서식공간을 조성하였다. 작은 동물들이

계곡에서 물놀이하는 아이들 모습 재현

아이들의 수영장으로 활용되던 저류조와 멀리 보이는 테니스장 모습

목을 축일 수 있도록 식수공간으로 활용하고 생물들의 피난처로 활용될 수 있도록 생태연못을 조성한 것이다. 나무를 보호하는 것 못지않게 생물들이 살 수 있는 환경을 조성, 관리하는 것은 생태환경을 위해서도, 우리를 위해서도 반드시 필요하다.

삼청공원의 새벽을 깨우는 이는 약수터를 찾는 사람 말고도 또 있다. 삼청공원은 100년 넘게 시민들의 사랑을 받아온 공원으로, 이곳에서는 이미 1980년대에 10여 개가 넘는 새벽운동모임이 운영되고 있었다. 88서울올림픽을 계기로 본격적으로 공공에서 주도하여 공원 내 체육시설을 설치하였고, 1990년부터는 서울시에서 대대적으로 새벽운동, 에어로빅 등 생활체육교실 등의 스포츠 프로그램을 운영하였다. 이러한 사회 분위기 속에서 공원의 체육시설 정비로 삼청공원에서도 배드민턴, 테니스, 축구 등 동호회가 자

유아숲체험장 중 '동심의 숲'

리 잡았다. 이러한 동호회들은 여전히 활발하게 활동하고 있다.

삼청공원은 체육 프로그램 외에도 2007년부터 숲해설, 염색체험, 곤충관찰 등 공원 내 다양한 프로그램을 운영하기 시작하였다. 종로구 지역에 홍보되면서 지역의 영유아, 초등학생 등 아이들의 호응이 좋아 매년 이용객이 늘면서 종로구에서도 지원이 증가하여 프로그램이 점차 확대 운영되고 있다.

또한, 서울시에서 정책적으로 유아숲체험장을 추진하면서 삼청공원에도 2013년부터 약 6억 9,000만 원의 예산을 투입하여 유아숲체험장을 조성하였다. 2014년 8월 문을 연 유아체험숲은 약 12,000㎡ 면적에 놀이공간, 물체험공간, 숲체험공간으로 나뉘어 있다. 숲속도서관 앞 놀이터를 포함한 '동심의 숲'에는 놀이터와 휴게공간이 조성되어 있고, 약수터 근처 계곡인 '물의 숲'에는 물놀이터가, 공원 안쪽에 조성된 '숲 속의 숲'에는 14개 컨셉의 자연물 시설이 설치되어 있다. 삼청공원은 다른 도시공원보다 녹지가 풍

부하고 숲 속의 생태계가 잘 유지되어 있어서 타 지역에서도 방문해서 체험을 할 정도로 숲체험 프로그램이나 유아숲체험장의 인기가 높다.

매점의 변신, 숲속도서관

삼청공원에는 1963년에 조성되어 많은 사람이 즐겨 찾던 매점이 양쪽 출입구 근처 두 곳에 자리하고 있었다. 산 속 야외에 위치한 삼청공원 특성상 겨울철에는 영업하는 데 어려움도 있고, 2010년대 들어서면서 사회 변화에 따라 공원의 역할과 이용행태가 조금씩 변하면서 두 매점 모두 폐쇄하기로 결정되었다.

예전 매점이 있을 당시에는 매점에서 과자, 커피, 오징어, 군밤 같은 간

자연학습프로그램 진행 모습

식부터 파전, 닭볶음탕 같은 안주도 팔고, 막걸리, 맥주 등 술도 팔았다. 가족 단위로 공원에 놀러 와 공원 입구에서 간식을 사서 먹으며 산책도 하고, 동네주민들은 매점에 모여서 식사도 하였다. 정문 쪽에 있는 매점은 단층이었지만, 공원 후문에 자리한 매점은 2층으로 되어 있어 겨울에는 눈 내린 숲을 보면서 차도 마시고, 지인과 맥주 한 잔 하며 담소를 나누기도 하였다. 104번 버스 노선이 단축되기 전까지는 버스 종점과 가까워 일부러 삼청공원 매점을 찾는 이들도 있었다. 매점 근처로 주막거리가 형성되어 술도 마시고, 노래를 크게 틀고 춤을 추는 사람도 있었다. 지금의 공원의 모습과는 좀 다른 느낌이랄까? 이용자 입장에서 보면 공원과 유원지를 명확히 분리하기도 애매하겠지만, 굳이 설명하자면 당시 공원은 유원지에 더 가까운 모습이라고 말할 수 있을 것 같다.

삼청공원은 낮에는 가족 단위의 손님들이 찾아 발 디딜 틈이 없고, 저녁에는 젊은 연인들이 데이트 코스로 즐겨 찾던 곳이었다. 당시 삼청공원은 남산공원과 함께 서울 시내에서 아베크족[16)이 손꼽는 장소였다. 하지만 밤이 되면 노숙자와 불량배들이 다수 출현하고, 사건·사고도 잦은 곳이었다고 하니, 정말 삼청공원은 새벽부터 밤까지 시간대별로 손님을 맞이하느라 바빴을 것 같다.

매점 임대 기간이 종료되는 2012년 4월, 두 매점은 영업 종료와 함께 철거되고, 정문 쪽 매점 자리에는 숲속도서관 공사가 시작되었다. 숲속도서관은 북카페를 컨셉으로 공원 이용 활성화 및 주민소통을 위한 커뮤니티 공간을 제공하는 것을 목표로 추진되었다. 2013년 3월부터 10월까지 공사를 진행하여 단층 건물의 숲속도서관이 개관하였다. 숲속도서관의 문을 열고 들어서면 중앙에는 커피숍이 있어 북카페 같은 느낌이다. 도서관 방문객은 물론 공원이용객도 카페 이용이 가능하며, 도서관 내·외부에서 운영하는 다양한 프로그램에도 참여할 수 있다. 숲속도서관은 비누 만들기, 미술수업 등 실내 프로그램부터 숲해설, 자연관찰과 같은 야외 프로그램까지 다양한 프로그램을 구성하여 운영하고 있다. 이뿐만 아니라 서울성곽 둘레길이 개방되면서 둘레길 방문객과 등산객의 쉼터이자 만남의 장소이기도 하다. 현재 숲속도서관은 종로구 주민들로 구성된 북촌인심협동조합에 위탁운영되고 있다.

공원매점이 사라져 아쉬워하는 이도 많았지만, 음식 판매로 인한 냄새, 취사로 인한 산불 우려 등 많은 민원이 발생하던 터라 대다수 주민은 매점의 폐쇄에 찬성하였다. 숲속도서관 운영 후에는 조금 더 공원다운 모습이 되었다는 긍정적인 평가가 많으며, 숲속도서관 방문을 위해 삼청공원을 찾는 사람들도 점차 늘고 있다

예전 매점 모습 ⓒ종로구청

숲속도서관 전경

자연녹지의 잠식

앞서 설명했듯이 삼청공원은 북악산 기슭에 자리하고 있어서 뛰어난 자연환경을 자랑하는 공원이다. 1940년 3월 12일, 도시계획공원 제1호로 지정될 당시의 면적은 432,000㎡이었으나, 도심확장 등으로 2020년 현재 면적은 372,428㎡이다. 공원 면적이 줄어든 이유를 모두 찾을 수는 없었으나, 공공시설 및 공원지정 해체 청원 등으로 인해 조금씩 면적이 줄어든 흔적을 찾을 수 있었다. 도심이 확장되면서 감사원 증축 등 공공건축물 공사,[17] 주거지역 확대, 도로 개설 등 여러 이유로 공원의 녹지가 점차 잠식당했다. 또한, 자연경관지구 및 공원부지 해제 관련 내용과 공원 하부 주차장 조성 문제도 공원으로 조성될 때부터 지금까지 서울시 및 종로구 의회 회의록에서 꾸준히 등장한다.

1965년에는 삼청공원, 사직공원 등의 국공유지 부정불하 사건으로 진상 조사가 이루어지는 일이 있었다. 그중 삼청공원용지 불하 사건은 삼청공원 용지로 포함된 임야 일부가 매각 등 처분이 제한된 토지임에도 불구하고 6 필지, 1,831평에 대해 직권남용, 허위증명 등을 통해 수의매매계약을 체결 한 사건으로, 서울시는 이에 대한 매매계약을 취소하여 해당 부지가 국유지 로 환원되었다.

"본건 재산은 도시계획법 제2조 규정에 의한 공원용지이므로 매수자 ○○ ○가 제출한 일방적인 일건 서류에만 의하여 관재 당국이 사실 여부를 재확인 함이 없이 매각처분하였음은 소홀한 행정조치일 뿐만 아니라 도시계획법 제 48조의 시행규정에 위배된 행위이므로 당국은 매매계약을 취소하고 국유로 환원하도록 조치하여야 할 것임."(국회회의록 1965.3.26.)

삼청공원에는 풀기 쉽지 않은 또 다른 문제도 있다. 전쟁 후 대다수 공원에는 거주지가 없는 사람들에 의해 한 집, 두 집이 들어서 판자촌 마을이 형성되었다. 삼청공원도 지금의 삼청동 산2번지 일대에 주거지역이 형성되어 있다. 이곳의 토지는 사유지 1필지를 제외하면 모두 국유지이다. 1986년 12월 서울도시계획 용도지구 공원 변경 및 주택 개량·재개발 구역으로 결정·고시되어 삼청 제2주택재개발구역으로 변경되었으며, 지난 2008년에는 북촌 제1종 지구단위계획구역으로 포함되었다. 그러나 주택재개발구역 지정 후 30년 가까이 아무런 진척이 없자 2012년 주민 전원 찬성으로 정비구역 해제를 요청하였고, 서울시가 이를 받아들임으로써 2016년 6월 용도지역이 공원으로 환원되었다. 이후 도시공원 결정의 실효 등의 이유로 2015년 11월 서울시의회에 공원해제 요구 청원을 제출하였으나, 당시 서울시의회 도시계획국은 '공원 결정 후에 불법으로 주택 등 집단으로 건축물이 발생한 경우와 장기미집행 공원시설 내 국공유지는 공원 조정이나 해제 대상이 아니다'라는 이유를 들어 반대하였다.

"공원 들어가서 한참 주거지역으로 되어 있는데 자연경관지구에서 감사원은 특혜를 받아 가지고 거기다가 12층을 짓고 옆에 있는 경남대학교는 6층을 짓는데, 서민들은 자연경관지구로 해서 건폐율 30%에다 2층밖에 못 짓고 아주 이상한 지역이 됐거든요. 그래서 자연경관지구를 풀어달라 한 60가구 정도 되는데 재산권에 대한 침해가 너무 심하다. 자연경관지구 되다 보니까." (종로구의회 2006.12.5.)

하지만 그 일대 주민들은 1940년 공원으로 결정되기 이전부터 거주해왔기 때문에 그들이 거주하는 현재의 주택은 불법 건축물이 아니며 도시계획

삼청공원 곳곳에서 볼 수 있는 계곡

만들고
만든다

교보문고 입구에 위치한 염상섭 동상

시설 재검토 기준에서 사실상 공원 조성이 곤란한 지역은 보전녹지지정 등 대체관리를 검토하도록 규정하고 있다는 점을 들어 관계부서를 계속 설득하고 있으며, 논란은 여전히 진행 중이다. 현재는 공원 해제를 위해 지구단위계획재정비 주거환경개선사업으로 도로 확보 등의 방안을 모색하고 있다. 그러나 토지 대부분이 국·공유지여서 주거환경관리사업구역으로 지정하기가 어렵고, 공원해제시에는 해제되는 면적에 해당하는 대체부지 마련이 필요하기 때문에 해결이 쉽지 않은 상황이다.

마지막으로 공원의 잠식까지는 아니지만 공원을 유휴지로 인식하는 몇 가지 일화를 소개하고자 한다.

광화문 교보문고 입구에 가면 내려가는 계단 옆으로 소설가 횡보 염상섭의 좌상이 있다. 원래 이 좌상은 1996년 10월 생가 터 부근인 종묘광장에 설치되었는데, 2009년에 삼청공원으로 옮겨져 지금은 폐쇄된 삼청공원의 약수터 맞은편에 설치되어 약수터 방문객을 맞이하고 있었다. 이후, 시민들이 더 쉽게 찾을 수 있는 곳에 있어야 한다는 여론으로 2014년 4월 현재의 자리인 교보문고 입구로 이전하였다.

또 다른 사건도 있다. 3·1운동 발원지였던 탑골공원에는 3·1독립선언기념탑이 세워져 있었는데, 1979년에 탑골공원 정비를 위해 기념탑이 철거되고 말았다. 탑은 당시 철거되면서 부서진 채로 갈 곳을 못 찾고 삼청공원 창고에 오랫동안 방치되어 있었다. 언론과 시민들의 계속되는 문제제기에도 9년 동안 방치되어 있었으나, 시민과 예술가들의 계속된 항의와 사회분위기 변화로 어렵게 서대문 독립공원으로 이전, 복원되었다.

　　　국내 계획공원 1호, 삼청공원

영험한 산, 우장산공원

- 공원위치 : 서울시 강서구 화곡동
- 공원면적 : 359,435 ㎡
- 지정연도 : 1971년 8월 6일
- 조성연도 : 1988년 12월 30일

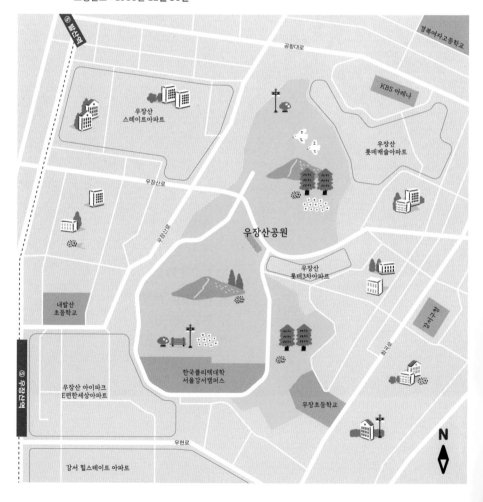

기우제 지내던 영험한 산

　두 개인 듯 하나인 산이 있다. 강서구 중심에 있는 98.7m 높이의 우장산(雨裝山)이다. 우장산에 자리한 우장근린공원은 야트막한 산 전체가 공원으로 북악산 초입에 조성된 삼청공원과는 전혀 다른 모습이다. 공원 경계부터 높지 않은 산의 정상까지 시설이 조성되어 있으며 주거지에 둘러싸여 아파트 바다 한가운데 초록섬이 되었다. 산을 둘러싼 고층 아파트들은 우장산과 누가 더 높은지 경쟁하듯이 하늘로 높이 뻗어간다.

　우장산공원에는 봉우리가 두 개 있는데, 남쪽의 서울정보기능대학이 있는 봉우리를 원당산(元堂山), 새마을지도자탑과 새마을운동중앙본부가 있는 봉우리를 검덕산(鈐德山) 또는 검두산(鈐頭山)이라고 한다. 우장산이라는 이름은 옛날 가뭄이 들었을 때 양천 현감이 기우제를 올린 데서 유래하였

우장산공원 산책로

다. 기우제는 세 번에 걸쳐 올렸는데, 세 번째 기우제를 올리는 날에는 비가 쏟아지기 때문에 미리 비옷을 준비해 올라갔다고 한다. 우장산 배드민턴장 계곡 아래에는 도당재샘물이라 불리던 샘물이 있는데, 이 샘물이 깨끗하고 정갈해서 우장산에서 기우제를 지낼 때 이곳 샘물을 떠서 올렸다고 전해진다.

예전 우장산 주변은 모두 논밭이었다. 겸재 정선이 한양의 모습을 그린 작품 중 '설평기려(雪坪騎驢)'에는 우장산 두 봉우리가 선명하게 그려져 있다. 그리고 우장산 아래에는 넓은 양천 들이 펼쳐져 있다. 우장산 주변 논은 '더펄논'이라 불렀다. 비가 오면 많은 물이 논 전체를 다 덮어서 '덮은논'이라 한 것에서 유래하였는데, 비옥해서 농작물 생산이 좋았다고 한다. 과거자료를 찾아보면, 조선 숙종 때 농사지을 터를 찾아든 사람들이 우장산 기슭에 정착하면서 우장산 등지에 박장말, 원촌말, 돌안말을 이루어 모여 살았고, 문화유씨 집성촌도 자리하고 있었다. 인근 주민들은 우장산을 땔감도 얻고 홍수도 예방해 주는 영산으로 여겨 매년 음력 10월 초하루에는 산신제를 지냈다고 한다. 기우제와 산신제를 지내는 곳은 원당산 배드민턴클럽 뒤편과 검덕산 경민사 절 앞으로 나뉘어 있다. 농경사회에서 기우제는 매우 중요한 의례행사이니 아마도 당시에는 우장산은 영험한 기운이 있는 산으로 숭배되었을 것이다. 이러한 배경에서 지역주민들이 예전부터 우장산 주변을 선산으로 사용하고 있다 보니 우장산 주변을 개발할 때 묘지 이장과 관련한 갈등도 있었다.

우장산 주변을 포함한 강서구 일대는 지리적인 특성으로 인해 전쟁 때마다 전투지로 사용되었으며, 그로 인한 피해가 많았다고 전해진다. 일제강점기 동안의 전쟁 때에도 우장산과 강서구 일대 산들이 이용되었다. 일제는 대동아 전쟁 시기에 전쟁 물자 보관을 위해 김포공항 근처인 우장산과 봉제

우장산의 우거진 나무

산에 반지하 창고를 건설하고, 우장산, 봉제산, 궁산, 개화산 등지에서 소나무의 솔방울을 채취하여 송탄유를 만들었다. 6·25 전쟁 때는 인천상륙작전 성공으로 한강도하작전을 수행할 때 개화산과 우장산이 전적지로 사용되어 9·28 서울 수복 당시 우장산의 아군과 매봉산의 인민군 사이에 엄청난 전투가 벌어져 500명이 넘게 희생되었다고 전해진다. 그런 와중에도 근처 민가의 피해는 상대적으로 적은 편이어서 원로주민들은 우장산 산신의 도움이 있었다고 구술한다.[18] 그만큼 우장산은 그 일대에서 오랜 기간 거주한 주민들에게는 단순히 자연적인 의미를 넘어 삶을 함께한 의미 있는 공간이다.

우장산 기우제 모습 재현

우장산공원의 시작

우장산공원은 1971년 8월 6일(건설부 고시 제465호) 면적 243,500㎡로 고시하였으나, 1979년 10월 30일(건설부 고시 제 390호)로 232,326㎡로 축소·변경하여 공원으로 지정되었다. 이후 여러 차례 추가용지 편입으로 1985년 9월 10일(서울특별시 고시 제595호) 358,568㎡으로 확정되었고, 1985년 12월에 착공하여 1988년에 시민공원으로 조성되어 개장하였다.

우장산공원은 강서지역에 처음으로 조성된 공원으로 공원 조성 전에는 자연녹지의 임야였다. 산불이 자주 나서 산림이 우거져 있지는 않았지만, 공원으로 지정된 후 세계대회를 앞둔 사회적 분위기에서 김포공항 주변 경관정비를 위해 산림녹화사업이 진행되었다. 86아시안게임과 88서울올림픽을 앞두고 진행된 도시개발사업과 함께 서울시는 1983년 1월 강서구 중심부인 우장산 일대 임야 11만 평을 체육공원을 겸한 자연공원으로 조성하기로 결정한다. 서울시의회 속기록에 따르면 우장산은 경사가 완만하고 주거지가 조성된 김포공항 근처 야산이며, 김포공항에서 서울로 진입하는 길에서 눈에 띄기 때문에 그 일대를 공원으로 조성하기로 하였다고 한다. 그 일환으로 우장산에도 산림녹화 목적으로 속성수인 현사시와 아까시나무 등 경관조성사업이 지속적으로 이루어졌다.

처음에는 토지보상 절차를 거쳐 1984년 2월 말까지 공원조성계획을 수립하고 아시안게임이 열리기 전인 1985년 말까지 공원조성사업을 마칠 계획이었다. 하지만 여러 차례 공원조성계획이 변경되며 지연되다가 1986년 1월 20일, 우장근린공원 공사가 시작된다. 1987년 12월에 완공을 목표로 했던 공사는 1989년 말이 되어서야 완료된다. 공원조성공사는 4차에 걸쳐 시

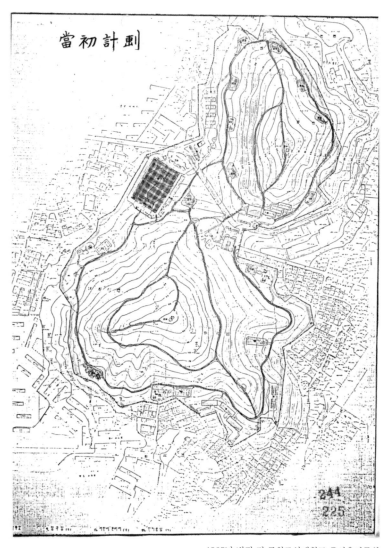

當初計劃

244
225

1985년 변경 전 공원조성계획도 ⓒ서울기록원

103

행되었는데 총공사비는 649억 원이 소요되었다. 초기 1~3차 공사는 1985년 12월부터 1988년 12월까지 연속으로 진행되며 새마을운동중앙본부와 서울시 종합건설본부에서 주도하였다. 공원조성 공사가 진행되던 와중에 새마을운동중앙본부와 관련된 무허가건축물, 자금비리 문제로 검찰 수사가 이루어지면서 일정이 지연되고 공사는 계획대로 진행하기 어려워졌다. 공원 조성에 문제가 발생하자 서울시는 1987년 10월, 기존 계획을 축소하고 진행하고 있던 공사만 마무리하는 선에서 공원조성을 완료하기로 결정한다. 이에 4차 공사는 1989년 10월부터 강서구청 주관으로 이미 착공되어 공사가 진행 중인 건축물과 운동시설만 완료하는 것으로 마무리되었다.

우장산공원에는 공원 조성 전부터 자리하고 있는 시설이 있다. 우장산의 두 봉우리를 연결하는 생태통로 앞에 있는 국궁장 '공항정(空港亭)'이 그것이다. 공항정은 원래는 김포에 있었는데 김포국제공항 확장 공사로 인해 철거되면서 1986년 우장산으로 이전하게 되었다.[19] 몇 차례 변경되는 공원 조성 계획도를 살펴보면 공항정은 지금과는 다른 위치로 계획된 것으로 보인다. 공원조성계획시 우장근린공원 내 다른 위치로 이전을 고려하였지만, 지금의 구민회관 뒤, 힐링센터 옆인 우장산 중간 능선에 자리하고 있다.

초기 공원조성 이후에도 공원 내에 크고 작은 보수와 개선 사업을 진행하는데, 우장산공원에는 체육시설이 주로 설치되었다. 1990년대에는 세계대회로 생활체육에 대한 관심은 높아진 반면, 종합토지세 제도 시행으로 많은 사설 체육시설이 운영 중단 및 폐쇄하는 상황이었다. 그 여파로 지역공원에 체육시설 확보가 필요하여 축구, 테니스 등의 체육시설이 추가로 조성되고 체육 프로그램이 운영되었다. 특히 테니스장은 1991년 당시 하루 40명 정도 이용하고 있었는데, 테니스장 추가를 요구하는 동호회들의 민원으로

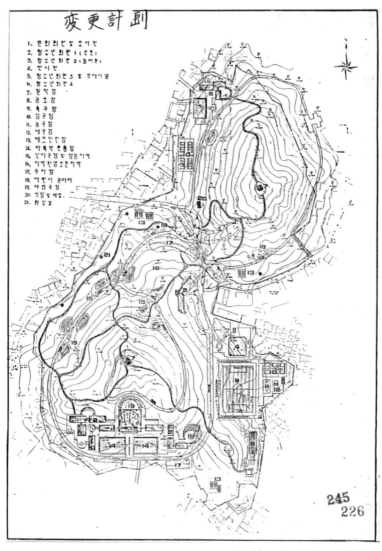

變更計劃

1. 편회회관 및 교서관
2. 청소년회관 1 (온실)
3. 청소년회관 2 (동아관)
4. 전시관
5. 청소년회관 3 및 유게시설
6. 청소년회관 4
7. 분박장
8. 야그장
9. 축구장
10. 농구장
11. 농구장
12. 배구장
13. 배드민턴장
14. 야복지 훈련장
15. 닷뛰구장 및 잠정지역
16. 기복산정 I 권지역
17. 쿠기장
18. 어린이 놀이터
19. 야귀국장
20. 작당 및 매점
21. 화상실

245
226

1985년 변경후 공원조성계획도 ⓒ서울기록원

105

추가 설치가 이루어졌다. 이는 당시 종합토지세 부담으로 강서구에서 운영되던 사설 테니스장 5곳 중 4곳이 운영난으로 폐쇄를 결정하면서, 테니스장 추가 조성이 필요한 상황에서 신규 토지 매입에 대한 재정적 부담으로 인해 우장산공원에 추가로 조성하게 된 것이다.

또한, 생활체육이 권장되고 지역주민의 공원이용이 증가하면서 간이축구장, 정구장, 수영장, 조깅코스 등 체육시설과 체력단련장이 추가로 조성되며 우장산공원은 체육 중심 공원으로 거듭난다. 1993년 9월 2일자 경향신문 기사에서는 우장산공원의 다양한 체육시설 조성으로 1992년 하루 평균 이용객이 1,590여 명에서 2천여 명으로 증가하였다는 내용을 언급하고 있다.

현재 넓은 체육공간이 있는 우장산 배수지 상부는 처음으로 체육시설을

배수지 상부 체육시설

설치해 시범 운영한 곳이다. 1987년 화곡동과 방화동 일대 고지대 주민의 급수난 해결과 관리지역의 원활한 급수 해결을 위해 38억 원의 예산을 들여 우장산 배수지가 건설되었다. 최근에는 배수지 상부를 체육시설로 많이 활용하고 있으나, 1990년대 이전만 해도 서울시는 식수원 오염을 우려해 배수지 지상부를 외부에 개방하지 않았다. 1989년 5월부터 우장산 배수지 위에 체육공원을 조성해서 운영한 결과, 배수지 상부를 이용해도 식수원 오염에 영향이 없음을 확인한다. 이후 서울시에 있는 많은 상수도 배수지 위에 체육시설이 설치되어 활용되었다.

우장산공원에는 넓은 공간에 축구와 조깅이 가능한 인공잔디 축구장도 있다. 축구장 주변으로 러닝트랙이 있어서 인근 주민들의 운동코스로도 사

랑 받고 있으며, 여름에는 축구장이 물놀이장으로 변신하여 주말마다 지역 주민들로 붐빈다.

　체육시설 확충과 함께 청소년회관과 구민체육센터 건축물 조성사업도 추진되었다. 당시 청소년회관은 서울시 자치구 지역균형발전을 위한 생활시설 건립 정책의 일환으로 추진되었다. 청소년회관 추진 시 일정 비용을 지원받을 수 있기에 단년도 기준으로 편성 및 결산되는 예산구조를 생각하면 빠른 추진이 필요한 사업이었다. 강서구 재정상 신규 토지 확보에 어려움이 있어 토지매입 비용을 절감하기 위해 서울시 시유지인 공원 내에 건립하는 것으로 결정되었다. 당시 이미 강서구 토지지가가 상승하던 시기로 청소년회관 예정 부지를 매각하고 비용을 줄여 외곽에 건축해야 한다는 의견도 있

었고, 공원 내 구체적인 조성 위치에 대해서도 의견 차이가 있었다. 사업 초기에 추진된 대상지는 우장산공원 축구장 진입로 인근 화곡동 산60-1번지 일대였다. 하지만 심의 과정에서 공원 내 위치 및 시설물 용적률 등의 이유로 우장산근린공원 기본계획을 수립할 당시의 당초 예정지인 내발산동 산4-5번지로 변경되어 지금의 자리에 건축되었다. 1991년 12월에 착공한 청소년회관은 지하 1층, 지상 3층 규모로 1993년 5월에 준공, 개관하였다. 또 다른 건축시설인 구민체육센터는 주민들의 반대와 갈등으로 결국 우장산이 아닌 다른 곳으로 이전·건축되었는데, 그 이야기는 조금 뒤에 자세히 살펴보자.

새마을지도자탑

험난한 시민공원 조성과정

우장산 북쪽, 현재 우장산 롯데캐슬 아파트 자리에는 새마을운동중앙본부가 있었다. 기독교 초교파에서 운영하는 선명회가 있던 자리에 1980년 12월 새마을운동 중앙본부가 창립하면서 3만 5000여 평에 이루는 규모로 자리를 잡았다. 선명회는 1953년에 설립된 기독교 초교파(장로교, 감리교, 침례교, 성결교)에서 운영하는 기독교 사회봉사기관으로 도시빈민구호사업, 농어촌개발사업, 선교사업, 장학사업 등을 시행하였다. 1985년 이전 공원계획 현황 도면을 보면 선명회 합창단 등 당시 시설의 명칭을 확인할 수 있다.

박정희 정권인 1970년대부터 시작된 새마을운동은 제5공화국 출범과 함께 새마을운동중앙본부로 태어났다. 새마을운동 10주년을 맞아 공공 주도에서 민간 주도로 변화를 꾀하며 1980년 12월 1일 세종문화회관에서 새마을운동중앙본부가 창립하였다. 당시는 세계대회를 앞두고 농촌보다는 도시를 중심으로 거리환경정비, 도시환경개선, 공원화 사업을 추진하며 새마을운동이 최고조였던 시기였다.

1983년 우장산공원 조성계획이 발표된 후에도 새마을중앙운동본부의 요청으로 공원설계안이 여러 번 수정되었다, 당시 주고 받은 공문을 살펴보면 다수의 문서에서 '새마을운동본부 요청'에 의한 수정사항이라는 문구를 확인할 수 있다. 이러한 사안은 나중에 1988년 제5공화국 비리 사건과도 연관되어 드러난다.

새마을운동중앙본부는 공원조성이 추진되던 시기인 1985년 초, 새마을지도자탑을 건립하기로 결정하고 새마을지도자 임직원과 독지가로부터 성금을 모아 검덕산 정상 400평 부지에 지도자탑을 세웠다. 1985년 12월 착공[20]

후 8개월 만인 1986년 8월에 완성하였다. 새마을지도자탑은 새마을운동의 발전과 새마을지도자의 봉사정신을 표상하기 위해 건립한 탑으로 15.5m 높이의 탑신은 당시 전국 9개도와 1개 특별시, 3개 직할시를 의미한다. 탑 바닥에 있는 231개 돌은 전국 시·군·구에서 향토석을 가져와 각 지명을 새겨놓았다.

하지만 1988년에 새마을지도자탑이 김포공항 근처라는 지리적 특성으로 고도제한구역에 위치하였는데도 적법절차를 거치지 않은 부분이 문제점으로 제기되었다. 1985년 11월 지도자탑 건립 당시 서울시의 부지점용허가와 강서구의 사전건축허가만 받아 탑을 건축하고, 정식허가는 교통부 항공관리국에 1986년 3월 말경 뒤늦게 신청하였다는 것이다. 교통부에서는 처음에는 탑이 공항 활주로 4km 이내에 세워지고 그 높이가 우장산 정상 위치에 해당하여 건립을 반대하였으나, 탑을 완공한 후에는 고광도장애등을 설치하는 조건으로 추인해 주었다.

이 외에도 시민들의 민원도 제기되었다. 새마을지도자탑은 주민을 위한 공원 정상에 세워져있으나, 새마을연수원에서 교육받는 연구원생들의 참배처로 이용되는 등 새마을운동본부의 시설처럼 활용되자, 우장산공원이 정말 시민을 위한 공원이 맞는지에 대한 지적이 계속되었다. 몇몇 주민은 아침·저녁으로 새마을운동중앙본부에서 교육하는 훈련소리가 들리는데다가, 우장산공원에 새로운 시설이 지어질 때마다 우장산공원이 새마을운동중앙본부의 건축물과 훈련시설로 가득 찬 공원이 되는 것이 아닌가 하는 우려가 있었다고 당시를 회상한다.

1986년 4월 국회 법사위(법제사법위원회)에서 KBS(한국방송공사)가 새마을운동중앙본부에 체육관 건립 자금으로 130억 원을 지원한 것과 새마을장학회가 영종도 땅의 상당 부분을 소유하고 국유지 수십만 평을 임차해 새마을운동 캠프와 연수원을 건설 중인 사실을 지적하면서 한국방송공사와 새마을운동중앙본부에 대한 감사를 촉구한다. 이 일은 1986년 6월 유료광고 등 다른 KBS 사건과 함께 발단이 되어 KBS TV 시청료 거부 시민운동이 일어나는 계기가 되었다. 새마을운동중앙본부 관련 무허가건축물, 자금비리 문제로 검찰수사가 진행되면서 1987년 10월, 결국 서울시는 우장산공원 조성공사를 마무리하기로 결정한다. 1988년에는 별도의 추가 예산 투입 없이 진행하던 공사만 마무리하고 공원조성완료 하기로 한 것이다. 이에 따라 공원조성계획 중 전시관은 제외되고, 5곳이던 주차장은 2곳으로 축소되었으며, 다른 체육시설 조성규모도 축소되었다.

이러한 상황으로 1986년에 시작된 공원조성 공사는 산의 나무를 베어낸 채로 2년이 지나도록 완성되지 못하였다. 공사 진행 도중 급작스러운 여건 변화로 공원조성계획이 전면 중단되자 결국 남은 건 다 파헤쳐진 우장산의 헐벗은 모습뿐이었다. 진입로와 주차장 조성을 위해 산 중턱이 모두 밀려 있고, 건물 신축을 위해 녹지가 다 파헤쳐진 채 방치되었다. 공원 인근 주민들만 여름 장마로 인한 산사태를 걱정하며 비가 올 때마다 흘러내린 토사를 치우는 상황이 반복되었다.

이후 1988년 KBS발전추진협의회가 당시 KBS가 신축하여 새마을운동중앙본부에 기증하려 했던 88체육관(현 KBS 스포츠월드) 건립 과정(1980년 7월~1985년 2월)에 대해 직권남용 등의 협의로 법원에 고소를 한다. 이러한 상황에서 KBS는 착공 당시부터 체육관 신축 후 새마을운동중앙본부에 기증하려고 했다는 이유로 감사원의 감사를 받으며 형성된 좋지 않은 여론과 체육관 완공후 유지관리 어려움을 이유로 88체육관을 매도하려고 했으나 매수희망자가 없어 곤란한 처지에 놓이게 된다.

제6공화국 시대가 시작되면서 국회 국정감사와 5공비리 청문회로 뉴스가 연일 시끄러워진다. 그 과정에서 새마을운동중앙본부 내 부속건물인 별관, 88체육관, 연구관 등이 무허가건물이거나 적법한 준공검사를 받지 않았고, 대기업들로부터 관련 시설을 헌납받은 사실이 밝혀진다. 종합건설본부 국정감사 등 새마을운동중앙본부와 연관된 문제점이 연속적으로 드러나면서 새마을운동은 침체기를 맞게 되었다.

이후 새마을운동중앙본부는 1989년 4월 새마을운동중앙협의회로 명칭을 변경하고 민간 주도의 운동으로 새롭게 사업을 추진해 나갔다. 2000년에는 다시 새마을운동중앙회로 명칭을 변경하고, 유엔의 NGO로 가입하며 제2의 새마을운동을 추진하였다. 새마을운동중앙본부는 2000년에 대치동으로, 2016년에 다시 분당으로 이전하였다.

당시 새마을운동중앙본부에서는 계획보다 원하는 시설개발을 먼저 진행하여 공원조성 계획·설계 도면과 준공된 공원시설이 일치하지 않았다. 이 때문에 1992년 우장산공원 개선 공사를 위한 공원조성계획 변경심의 과정에서 공원 시설과 실제 도면이 일치하지 않아 공원조성변경계획안을 여러 차례 재작성하는 과정을 거치게 된다. 공원조성계획 수립 당시 주고받은 공문을 아마 당시에 일부는 변경 절차에 따라 진행되기도 하고 일부는 주먹구구식으로 조성되었을 것으로 짐작된다.

그 이후, 새마을운동중앙본부가 있을 때 추진되다가 중단되었던 시설은 어떻게 마무리되었는지 살펴보자. 새마을운동중앙본부 교육연수용 건물은 청소년 대상 직업훈련소로 개조되어 활용되었다. 직업훈련원은 대지 8,400평 규모로 1989년 7월에 준공되었다. 당시 서울시 직영 직업훈련원 5곳 중 최대 규모로 기숙사 시설을 보유하고 전액 무료로 운영되었다. 학생 모집을 거쳐 1990년 7월 서울시립청소년직업훈련원으로 개원하였으며, 1998년 3

월 서울시립기능대학으로 승격되어 서울시 산하 대학으로 운영되었다. 이후 서울정수기능대학 강서분교, 서울정보기능대학으로 명칭이 변경되었으며, 2006년 한국폴리텍대학 출범으로 한국폴리텍 서울강서캠퍼스로 변경되어 지금은 고용노동부 산하의 대학으로 운영되고 있다.

우장산공원에 제일 먼저 조성되었던 새마을지도자탑은 어떨까? 우장산 주변에 아파트 건설이 한참이던 시절인 2000년도에 새마을지도자탑 일부가 훼손되는 일이 발생했다. 이에 새마을운동중앙본부에 연락하여 지도자탑을 다른 장소로 이전하거나 훼손에 대한 보수가 필요함을 전달하였다. 하지만 당시 새마을중앙회 내부 의견이 조율되지 않아 탑에 대한 별다른 조치 없이 방치되었다. 이후 새마을 지도자 탑을 우장산공원이 아닌 다른 장소로 이전하기 위한 방안을 모색하다가 시간이 흐르게 된다. 추후 우장산 롯데캐슬 아파트 지하공사 당시 암반 폭파공사로 훼손된 것으로 인정되어 롯데건설에서 2억 원을 들여 새마을지도자탑을 새로 보수하면서 주위환경도 함께 개선하였다. 지금도 새마을지도자탑은 준공되었던 그 자리에 그대로 있으며, 지도자탑 근처에는 최근에 식재한 기념 조경수도 함께 있다.

시민이 만드는 공원

우장산공원은 예전부터 평일, 주말 할 것 없이 인근 주민들이 산책도 하고 운동도 하기 위해 찾는 공원이다. 많은 시민이 이용하는 곳인 만큼 공원 내 공사에 대한 민원도 많았다. 대부분은 시설 확충을 원하는 민원과 우장산의 자연녹지를 보존 및 유지하려는 민원으로 나눠진다.

이 중 우장산 녹지를 지키기 위한 활동을 살펴보자. 1990년대 초반 공원

시설 확충을 위해 배드민턴장, 테니스장 등 체육시설을 조성할 때도 오래된 나무를 제거하는 것을 두고 많은 민원이 발생하였다. 1993년 청소년회관 건축 공사 때도 분진과 산책로 통제 등에 대한 민원이 발생하였는데 지역주민의 관심 속에 우장산 녹지를 지켜낸 일화가 있다.

1990년은 세계대회인 86아시안게임과 88서울올림픽 영향으로 '국민생활체육진흥 종합계획'이 시행되면서 지역마다 구민체육센터 건립과 체육시설이 설치, 공급되던 시기이다. 강서구에서도 우장산근린공원 구민회관 옆에 45억 원의 사업비를 들여 주민체육센터 건축이 추진되었다. 1990년 3월부터 추진된 이 계획은 당시 구의회 발족 전이기도 했고, 민선자치시대 이전이라 주민동의 등 별도의 의견수렴 절차가 없이 진행되었다. 당초에는 구민회관 근처 내발산동 산9-1외 1필지에 대지면적은 6,750㎡, 건축 연면적은 4,499㎡로 계획되었다. 이에 공원시설계획 설계를 진행하여 서울시 공원심사위원회에 심의를 접수한다. 이때 기존에 도면화되지 않았던 기존 시설에 대한 도면화 작업도 진행되었다. 하지만 우장산공원은 청소년직업훈련원, 구민회관, 축구장 등의 기존 시설과 청소년회관 신축 등 과다한 시설이 문제가 되어 규모를 축소, 변경하여 공사가 진행된다.

1994년 8월 시공업체가 착공하여 현장공사를 진행하는 중에 환경보존을 주장하는 민원이 접수된다. 당시 주민들이 나무를 끌어안고 산림훼손을 막기 위해 공사를 반대하며 장소이전을 요구한 것이다. 이에 8월 말 민원인과의 면담 후 강서구의회 임시회의가 소집되어 특별위원회가 구성된다. 구성된 특별위원회는 현장 및 추진과정을 확인하고, 반대민원과 찬성민원 등의 의견에 대한 소통과 토론 과정을 거쳐 9월 말 구청계획 추진에 손을 들어준다. 구의회 결정에 따라 공사는 재개되었다. 하지만 많은 주민이 자연훼손을 하지 말아 달라고 수목 벌채를 반대하며 천막을 치고 교대로 우장산 나무를 지키기 위한 활동을 하였다. 10월에는 국민고충처리심의위원회에 체육센터 이전 신축요구 의견을 제출하였고, 현장 조사와 구청 관계공무원 등 관계자 조사 등을 거친 결과, 국민고충처리위원회에서는 "주민의견이 타당하다"고 결론지었다.

당시 상황을 담은 회의록을 살펴보면, 국민고충처리위원회에 처음 제기할 때는 우장산 주변 지역주민 중심으로 2천여 명의 서명을 받았으나, 그 이후 해당 갈등이 더 많이 외부로 알려지면서 우장산에 가끔 방문하는 이용객의 서명까지 받아 총 1만 2천여 명에 가까운 동의서를 제출하였다고 한다. 환경에 대한 관심과 우장산 나무를 아끼는 마음이 많은 참여를 이끌어낸 것이다. 개인적으로는 초기 공원조성공사 당시 벌거벗은 채 공사가 중단되었던 우장산을 경험해보았기에 나무가 사라지는 상황이 더욱 안타깝고, 그런 사람들의 마음이 모인 것이 아닐까 생각해 본다.

이러한 상황에서 1995년 민선1기 구청장인 유영 구청장이 취임하였다. 취임 후 보고를 받은 구청장은 환경보호에 대한 관심도가 높아지고 있을 뿐 아니라 민원인들의 의견과 국민고충처리위원회에서 사업을 취소하거나 위치를 변경하여 시행하라고 통보된 것 등을 고려해 볼 때 위치를 변경하는 것이 바람직하다고 판단한다. 이에 8월 말 구민체육센터 건립변경 동의안을 강서구의회에 제출한다. 결국 해당 안은 통과되어 우장산공원에 추진되었던 체육센터 건립은 지금의 등촌동에서 추진된다.

처음으로 체육센터 건립을 추진하는 당시인 1990년도만 해도 각 구청이 체육센터를 지을 부지만 선정하면 건립비 전액을 시비로 지원받을 수 있었다. 이에 강서구도 시특별조정교부금을 확보하고 있는 상황이었다. 하지만 환경 관련 민원과 갈등 속에 공사 결정이 지연되는 동안 지방의회가 생기고 자치구로 전환되면서 자치구비로 체육센터를 짓도록 방침이 변경되었다.

이미 설계감리비와 공사선납비용이 지급된 상태로, 위치 변경에 대한 손해비용 감수 등 많은 우려가 있었으며, 위치 변경 결정과 함께 예산 문제도 해결해야 하는 상황이었다. 이에 강서구청에서는 자동차전용도로인 올림픽대로 야외 광고탑 수익을 관리하던 구민체육진흥공단 예산을 지원받는 방향으로 위치 변경을 추진하였다. 도시개발계획 공지였던 등촌동에 구립체육센터가 세워지고, 그 이름을 따서 '강서구민올림픽체육센터'로 문을 열었다.

지금 공원을 양분하고 있는 우장산로 상부에는 우장산 두 봉우리를 연결해주는 생태육교가 있다. 우장산로는 공원조성계획 당시에 신설된 공원 관통도로로 강서구청 건너편 천애육아원 쪽에서 우장산 골짜기를 지나 반

대편 영일여중 앞으로 연결되는 1,300m 구간의 폭 8m 도로로 계획되었다. 도로 신설로 인해 우장산이 양분되는 것을 보완하기 위해 추후 도로 중간 일부를 복개하여 두 산을 연결한다는 계획하에 관통도로는 개설되었다. 그러나 생태육교 조성 전까지 두 봉우리인 검덕산과 원당산은 단절되어 있었다. 하나의 공원은 둘로 나누어져 있어서 한쪽 봉우리를 산책한 후 산을 내려와서 횡단보도를 통해 도로를 건넌 후에야 옆 봉우리로 산책을 이어갈 수 있었다. 이러한 공원 이용에 불편함을 느낀 한 주민이 2006년 구민참여아이디어 공모에 제안한 내용이 채택되어 검덕산과 원당산을 연결하는 생태다리 조성이 추진되었다. 당시 보도에 따르면 구민 제안으로 강서구에서는 두 개의 산봉우리로 단절되어 있던 공원을 생태육교로 연결하는 안을 발표하였다.

하지만 우장산공원은 면적기준상 강서구에서 위탁 관리하는 서울시 소유의 공원으로 예산을 집행하기가 쉽지 않아 몇 년 동안 사업이 지연되다가 2009년 서울시에서 약 15억 원의 예산을 지원받아 우장산공원 생태육교가 조성되었다.

　과거 항공사진 외에는 명확한 자료가 없어서 도로공사 및 복원에 대해 정확히 확인하기는 어렵지만, 아마도 기존의 소로이던 길을 확장한 것으로 추측된다. 공원조성 초기에 도로개설로 인해 우장산 두 봉우리가 단절되는 것을 우려하여 두 봉우리를 연결하려는 계획이 있었는데도 왜 오랫동안 실행을 안 했는지 혹은 못 했는지 그 이유는 알 수 없다. 하지만, 두 봉우리를 연결하는 생태복원을 염두에 두고 도로를 계획했는데도 몇십 년이라는 긴

힐링숲 체험센터 외부프로그램을 이용하는 시민들

세월 동안 독립된 산처럼 따로따로 단절되어 있었던 점은 이용하는 사람 입장에서도 불편하지만, 생태환경적인 측면에서도 아쉬운 바가 매우 크다.

　우장산공원은 체육시설 중심에서 점차 가족친화적으로 변하고 있다. 우장산 주변은 아파트가 많음에도 불구하고 조성 초기부터 어린이시설이 부족하였다. 이에 동네 아이들은 새마을지도자탑 또는 전망대 근처에 있는 어른 키에 맞춘 운동기구에서 위험하게 놀거나 산책로를 뛰어다니곤 했다. 얼마 전에서야 어린이 놀이시설과 유아숲체험장, 숲속도서관 개관 등 가족 단위 이용객을 위한 공간이 조성되었다. 이제 유아숲체험장은 마음껏 뛰어 놀수 있는 아이들과 가족단위 주민들의 발걸음이 머무는 공간이 되었다. 또한,

여름이면 축구장에 아이들 전용 야외 수영장이 오픈한다. 공원 인근 지역주민들이 아침부터 모여들어 더운 여름의 열기를 식히고 우거진 녹음을 즐기고 간다.

최근에는 양궁장 옆 메인산책로에 힐링숲 체험센터가 조성되었다. 힐링숲 체험센터는 신체측정 등 실내프로그램을 위한 체험센터 1개소와 황토 맨발지압로, 족욕장, 힐링산책로로 구성되어 있다. 이 곳은 구청의 지원을 받아 주민들의 건강관리를 위한 프로그램을 운영하고 있어 공원을 산책하는 많은 주민들에게 새로운 체험을 할 수 있는 장소로 많은 관심을 받고 있다.

섬이 되어 가는 우장산

쪽동백 군락이 형성되어 있는 우장산공원은 주변의 아파트와 빌딩 사이에 겨우 자리하고 있다. 항공사진이나 지도 앱으로 보면 산이 섬처럼 보인다. 아마도 서울의, 아니 국내 대도시의 많은 구릉지가 이렇게 둘러싸여 녹색섬처럼 보일 것이다. 산 주변으로 잠식해 오는 아파트는 왜 점점 더 높아질까?

강서구가 행정적으로 서울시로 편입된 후에도 농촌의 모습이 남아 있던 화곡동에 첫 개발사업이 시작된 것은 1967년경부터이다. 화곡동에 있는 30만 평의 토지를 주택공사에서 사들여 시범아파트를 건설하면서 주변이 변화하기 시작하였다. 1971년까지 시행된 김포지구 토지정리사업의 영향까지 더해져 우장산 일대에는 택지조성사업으로 아파트 건설이 시작되었다.

영등포구에서 강서구가 분구·신설된 1977년부터 도로정비가 본격적으로 이루어지고 주거지역이 확산·조성되기 시작하였다. 우장산 근처는 아파

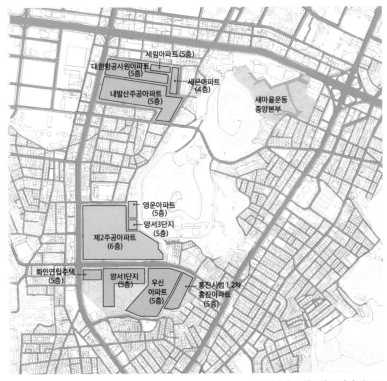

세림아파트(5층)

대한항공사원아파트
(5층)

세은아파트
(4층)

내발산주공아파트
(5층)

새마을운동
중앙본부

영운아파트
(5층)

양서3단지
(5층)

제2주공아파트
(6층)

화인연립주택
(5층)

양서1단지
(5층)

우신
아파트
(5층)

홍진시범 1,2차
홍진아파트
(5층)

1980년대 공원주변 주거지 분포도

트 건설 붐이 붙었다고 표현될 정도로 아파트가 확산되었으며, 당시 강남지
역의 아파트 건설과 견주어 비교 기사가 날 정도였다. 연립주택, 시범주택
단지, 우진아파트, 오성주택, 대한항공 사원아파트, 주공 분양의 임대아파
트 건설 등으로 강서구에 개발 붐이 일기 시작했다. 화곡동 631번지에 화곡
아파트, 1091번지 일대 화곡시범주택단지, 95번지 일대 홍진시범아파트, 우
신아파트, 354번지 일대에 복지아파트, 산163-1번지 일대 미성맨션아파트,
980번지 일대 강서아파트와 한양아파트 등 우장산 주변으로 아파트 단지가

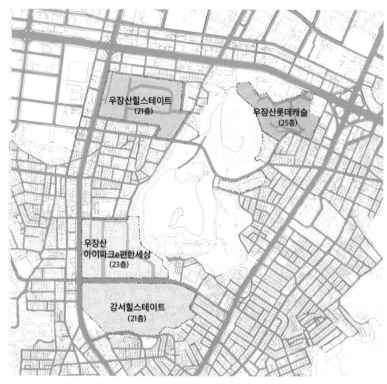

생겨났다.

이후, 재개발 붐이던 1990년대 후반에는 5~6층이었던 아파트 단지가 20층 넘게 올라가며 우장산과 키재기를 하기 시작했다. 새마을운동중앙본부가 있던 자리에는 우장산롯데캐슬(전 우장산 롯데낙천대)이 들어서고, 내발산주공, 대한항공사원아파트, 세은아파트, 세림아파트는 화곡1주구로 우장산 힐스테이트가 되었다. 제2주공아파트, 영은아파트, 양서3단지 아파트는 화곡2주구로 우장산아이파크 이편한세상으로, 우신아파트 홍진, 양서1단지, 화인연립은 화곡3주구로 강서힐스테이트로 재개발하여 높은 아파트 산이 되었다.

당시 강서구청과 구의회 자료를 찾아보면, 아파트 높이를 두고 우장산 경관이 훼손되지 않게 하려는 많은 노력과 그 과정에서 갈등이 있었음을 확인할 수 있다. 하지만 개발을 원하는 주민과 강서구청 간의 행정심판에서 강서구가 패소하여 용적률 230%까지 사업승인을 내주게 된다.

우장산을 기준으로 한 고도제한이 있으나 새마을지도자탑의 높이인 15.5m만큼 고도제한 완화 혜택을 받을 수 있기 때문에 주변 아파트는 최대 25층까지 건축할 수 있다. 또한 우장산공원 주변에 연접한 아파트는 단지 내 공원 설치를 하지 않아도 되는 규정 적용으로 단지 공간을 활용하기에 더욱 유리하다. 주거단지 내 물리적인 혜택이 아니어도 주민들은 집 가까이에 우장산이 있어서 언제든지 공원을 방문할 수 있다. 실제로 우장산 인근 아파트 단지에는 강서구청에서 개발허가조건으로 제시하여 건설사가 조성한 아파트와 우장산을 연결하는 산책로가 있다. 이 길을 이용하면 아파트에서 우장산공원으로 쉽게 접근할 수 있다.

참 아이러니한 일이다. 공원의 자연훼손을 반대하고 민원과 서명운동을 통해 공원을 지켜내는 주민이 있다. 공원을 내 집 정원처럼 가까이하고 싶어서 공원 근처에 거주하는 주민도 있다. 그런가하면 개발의 경제적 이익을 위해 아파트를 높이높이 올리기 위해 공원을 수단으로 이용하는 주민도 있다. 우리는 어떤 가치를 우선으로 추구해야 할까?

참고로 당시 상황을 부연하자면, 우장산 주변 아파트 개발이 이루어지던 시기는 주거지역이 종세분화하기 이전으로, 일반주거지역으로 분류되어 획일적인 용적률과 용도제한사항이 적용되었다. 종세분화 전에는 아파트가

300세대 이상이거나 대지면적 1만㎡ 이상일 경우 지구단위계획을 수립하여 서울시도시계획 심의를 받고, 16층 이상 공동주택 건축은 서울시 건축위원회 건축계획 심의를 통하여 경관심의를 받았다. 하지만 이와 같은 문제로 아파트의 고층화 등 도시경관 문제가 심각해지자 법·제도가 개선되어 2003년 6월 말, 일반주거지역을 세분하여 지정하도록 변경되었다.

우장산을 즐겨 찾는 주민 중에는 가을에 도토리와 밤이 떨어져도 주워가지 않고 동물들의 먹이로 두는 분들이 많이 있다. 그래서인지 우장산에는 청솔모가 자주 출현한다. 시민들이 즐겨 찾고 즐기고 지켜내는 우장산공원의 모습이 앞으로도 더욱더 푸르고 생태친화적이기를 바라본다. 더 나아가 우장산이 주변의 다른 공원녹지와 연결되어 섬이 아닌 녹지 네트워크로 연결되는 날이 오기를 기대한다.

차 없는 거리의 갈등

1995년 이후 우장산공원의 산책로가 정비되었다. 우장산 진입부에는 약수터 입구부터 청소년회관까지 조각의 거리가 조성되어 작품이 전시되어 있다. 원래는 화곡7동에 가로공원을 조성하려고 했으나 주민들의 반대로 우장산공원 진입부에 조성되어 지금은 우장산을 오르는 많은 주민을 심심하지 않게 해 주는 요소가 되었다. 또한 주요 산 자연관찰로 사업으로 우장산 나무에 이름표가 붙고 등산로가 정비되어 시민들이 더 편하게 우장산을 즐길 수 있게 되었다.

우장산근린공원 걷고싶은거리 조성사업은 2000년대 들어서 공원의 이용이 증가함에 따라 우장산공원 순환로의 보행환경을 개선하는 것을 목표로 추진되었다. 그러나 차량과 보행, 일방통행과 양방통행에 대한 갈등이 계속 나타나고 있다. 2003년에는 일방, 양방, 폐쇄구간 등으로 혼재된 차량통행 불편 및 보행자 안전을 개선하기 위해 지역주민 설문 및 공청회를 진행하였다. 하지만 차량의 양방통행화 반대 및 차량폐쇄를 요구하는 주민과 학교의 기능을 강조하며 차량의 양방통행을 요구하는 서울정보기능대학의 입장이 서로 대립하였다. 주민 간에도 의견이 조금씩 다르다. 우장근린공원 산책로를 기능대학까지 생태친화적으로 조성해 달라고 요청하는 민원이 제기되기도 하지만, 차량으로 축구장 등의 운동시설과 공원을 찾는 주민들은 주차장을 정비하고 양방통행을 요구하고 있다.

강서구청에서는 산책로 차 없는 거리 조성 시범사업 등에 대한 구민 의견을 수렴하여 현재는 주차장까지 양방통행으로 운영하고 있다. 하지만 좁은 주차장으로 인해 주말에는 도로 한쪽에 길게 주차가 되어 있는 것을 보고 짐작하건데, 여전히 서로 다른 입장이 조율되지 않은 모습이다. 양측 입장이 강경하게 대립하여 우장근린공원 내 강서구민회관에서 조각의 거리를 거쳐서 축구장 입구까지 이어지는 산책로에 대한 갈등과 의견대립은 진행중이다. 모두가 만족하는 해결방안 마련은 어렵겠지만, 주차장과 도로 확대로 인해 공원이 훼손되지 않도록 좋은 해결 방안이 나오길 기대한다.

3장. 과거의 기억을 품은 공원

군부대에서 앞마당으로 변한, 문래공원

- 공원위치 : 서울시 영등포구 문래3가 66
- 공원면적 : 23,611㎡
- 지정연도 : 1940년 3월 12일
- 조성연도 : 1986년 6월 12일

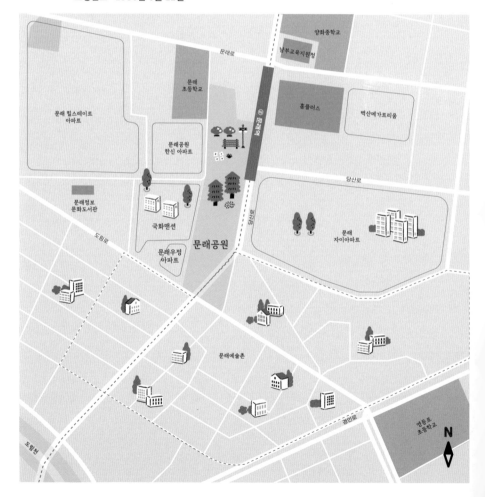

교통요충지이자 군사요충지

　공원 연구를 위해 서울시내 도시공원에 자주 방문하였는데, 평일부터 주말까지 항상 이용이 활발하던 문래공원은 매우 인상적이었다. 첫 방문 때부터 문래공원에 애착이 생긴 이유는 높은 건물 숲 사이의 녹음이 우거진 수목과 다양한 공간이 사람들에게 사랑을 받고 있다는 느낌이 좋았기 때문이다. 오래된 수목만큼 긴 시간 동안 수많은 사연을 품은 공간이기도 한 문래공원은 5·16 군사정변 관련 기사에서도 종종 등장한다.

　문래공원이 자리한 영등포구는 한강과 안양천, 안양천과 도림천, 대방천이 합류하는 충적평야지대로 일찍부터 마을이 형성되었다. 비옥한 평야에서 채소 재배가 활발하여 수도권 일대의 채소 공급지 역할을 하였다. 일제강점기에는 경부선과 경인선 철도 분기점에 위치하는 교통의 중심지로 대

문래공원 산책로

규모 공업지역이 조성되었다. 벽돌과 기와를 만드는 공장을 시작으로 피혁, 방적, 기계, 맥주 등 각종 공장이 입지하였는데, 문래동 인근에는 방직공장이 자리하고 있었다. 1960~70년대에는 방직공장을 중심으로 대한산업, 한국타이어 등 소재산업공장과 기계 중심의 대규모 공장이 자리하였다. 1980년대에 들어서면서 토지개발로 인한 주거지 확장으로 공장들이 하나둘씩 수도권으로 이전하면서 그 자리에는 주거지역이 자리하게 되었다.

문래공원이 조성되기 전에 이곳에는 군사시설이 있었다. 군사시설이 입지한 이유를 살펴보자. 일제강점기 시기인 1936년, 서울 경계 확장으로 영등포 일대가 경성으로 편입된다. 일본의 대륙 진출을 위해 영등포 지역의 군수산업을 포함한 공업화가 급진전하였고 영단주택 등 노동자 거주 문제 해결을 위해 택지개발이 이루어졌다. 철도와 한강수로를 곁에 두고 있다는 지리적 이점 때문에 1937년 중일전쟁 이후 당산동 일대는 일본군의 보급기지로 활용되었다. 1939년 경성토지정리사업에 의해 공업지대로 본격적으로 개발되기 시작하였으며, 도심과 외곽을 연결하는 교통의 편의성으로 군부대가 주둔하게 된다. 1948년 10월 당산동에서 대한민국 육군 포병대대가 창설되었으며, 문래동에는 육군 6관구 사령부가 주둔하였다.

현재 문래공원은 군사독재 시절 군 사령부의 일부가 주둔하였던 곳으로 제6관구의 전 사령관이였던 박정희가 5·16 군사정변을 일으키기 전에 군사정변을 모의하였던 곳으로 알려져 있다. 영등포구를 근거지로 했던 제6관구 사령부는 1954년 창설되었으며[21] 대한민국 육군 제2야전군사령부 소속으로 수도권 서남부 일대를 관할하였다. 제6관구사령부는 지역 내 주둔부대에 대한 군수 및 행정지원, 관할지역 내의 정부재산 및 군사시설의 보호, 유지·관리, 지역 내 위수업무,[22] 예·배속부대에 대한 교육훈련 및 지휘, 감독 임무

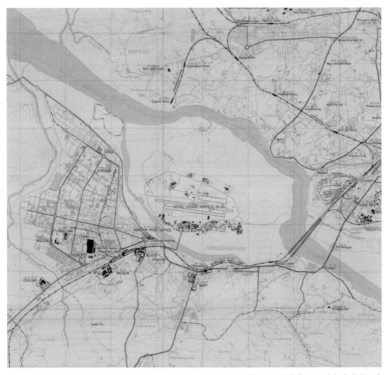

1950년대 중반 서울시가지도 ⓒ서울역사박물관

를 수행하였다.

이후 1974년 3월 경인지역방위방어사령부로 개편·창설되면서 제6관구
사령부는 해체되었으며, 1975년 8월 1일 수도군단으로 개칭되어 관악산 기
슭 충의대로 이전하였다. 군부대 이전과 함께 문래공원 조성이 추진되었다.
문래공원 입구에는 "이곳은 수도 서울을 방어하는 제52보병사단이 1978년
11월 15일 창설되어 최초 주둔하던 곳입니다"라고 적힌 표지석이 있다.

군부대에서 공원으로

문래근린공원은 삼청공원과 동일한 총독부 고시 제208호(1940년 3월 12일)로 지정되었다. 하지만 군부대가 위치하고 있어서 공원으로 조성하지 못하다가 부대 이전으로 서울시 공유지로 편입되면서 공원조성이 계획되었다. 공원용지 일부를 국방부 소유 토지와 교환하여 1982년 4월 28일(건설부 고시 제172호) 공원조성결정계획이, 1982년 5월 29일(서울시 고시 제205호) 지적 승인이 고시되었다. 이후, 1984년 5월 군부대 이전에 따라 1984년 10월 공원조성 방침을 결정한 후 공원 설계 및 조성 공사를 진행하여 1986년 6월 12일에 공원을 개원하였다. 잔디광장 3곳과 다목적운동장, 놀이터, 파고라 및 벤치, 주차장 등이 설치되어 주변 지역주민을 위한 휴식공간으로 조성되었다. 공원 내에는 원숭이, 공작, 닭 등이 있는 소형 동물원이 있었는데, 동물원의 동물이 번식하면 자매도시에 분양하기도 하였다. 작은 동물원은 악취와 소음으로 민원도 많았지만, 지역 아이들에게 사랑받는 장소였다.

"일본 원숭이가 8마리 있습니다. 인도 공작 6마리, 금계 7마리, 백한이라고 해서 흰닭이 6마리 있습니다. 그래 이 동물들은 주로 옥수수, 귤, 배추, 사과, 콩, 조 이런 잡곡을 먹고 있습니다. 사육사가 1명 있습니다." (영등포구의회 1996.12.18.)

1990년 전후로는 공원 내 주차장 조성에 대한 문제가 대두되었다. 1990년에 들어서면서 도시개발로 인한 서울 전역에 주차 문제가 심각해지자 서울시에서는 공공주차장 건립정책을 추진하고, 몇몇 공원을 대상으로 공원 지하에 주차장을 조성하려는 움직임이 나타난다. 영등포구에서도 이와 관

련된 논의가 진행되었다. 영등포구의회 기록에 따르면 주차장 조성 사업과 관련 논의가 있었던 것으로 확인되나, 무슨 연유에서인지[23] 이후 개발이 진행되지는 않았다. 1988년 5월, 지방자치법에 의해 문래공원 관리권한이 서울시에서 영등포구로 이전되고, 공원의 주차장도 영등포구로 이관되었다. 그 이후로 문래공원 주차장은 시설개선을 거쳐 계속 운영중이다. 도시화 과정에서 공원 내 주차공간이 확대로 공원녹지면적이 줄어들지 않고 현재까지 유지된 것은 다행이다.

공원조성 이후 오랜 시간이 지남에 따라 노후해진 문래공원은 넓은 운동장과 부족한 식재로 도심공원의 수요를 따라가지 못하고 낡고 삭막한 공원이 되어 갔다. 그러다가 2000년대 들어서면서 문래공원 주변으로 많은 변화가 생긴다. 문래공원 길 건너 방림방적 공장 부지에 아파트, 오피스텔, 학교, 유통시설 등이 들어서고, 인구밀도가 늘어감에 따라 공원 이용객은 점점 늘어났다. 그와 함께 공원의 노후시설, 부족한 녹지, 넓은 운동장의 먼지 발생에 대한 시설정비요구와 관련 민원도 증가한다. 이에 영등포구는 사업비 약 20억 원을 투입하여 오래된 문래공원을 문래동의 역사를 담은 친환경 문화공원으로 조성하는 사업을 추진한다. 공원 재조성계획으로 팔각정, 생태 연못 관찰데크, 배드민턴장, 경로당 등이 조성된다. 이 때 공원의 중심부에는 경방주식회사[24]에서 제작해 기증한 대형 물레조형물이 설치되었으며, 조형물 주변에 목화를 식재하여 문래동의 유래와 역사를 나타내도록 하였다. 20년 만에 재조성된 문래공원은 2008년에 개원하여 지역주민의 환영을 받았다. 주차장 옆에 있는 게이트볼장부터 반대편 끝에 있는 배드민턴장까지 모든 공간이 주민들의 수요에 맞춰 잘 이용되고 있다. 지금은 10여 년이 지나 당시 심은 나무가 울창하게 자라서 자연 친화적인 공원의 모습으로 지역주민들이 사랑하는 중요한 쉼터가 되었다.

　　대대적인 공원재조성사업 이후에도 매년 조금씩 공원을 보완하고 있다.

생태연못

자연체험학습장, 노후 시설 정비, 창의놀이터 조성 등 지역에 특색 있는 공원 환경 조성을 위해 지속적으로 공원시설을 개선하는 것이다. 또한, 기후변화에 대응하는 다양한 시설물을 설치·운영하며 모니터링하고 있다. 그 결과, 지금 문래공원은 영등포구 공원 중 주민들이 일상생활 속에서 가장 잘 이용하는 공원으로 평가된다.

문래공원은 공원 내에 소외된 공간없이 주민들의 사랑을 골고루 받으며 매우 잘 이용되고 있다. 나이대별로 선호하는 시설을 잘 배치한 덕에 늘 사람이 북적인다. 공원의 양쪽 끝에 위치한 게이트볼장과 배드민턴장에는 항상 운동하는 주민들을 볼 수 있고, 공원 중간 체력단련시설이 집중적으로 위치하고 있는 곳은 헬스장을 방불케 한다. 공원 중간중간 위치한 정자와 벤치에도 늘 사람들이 삼삼오오 모여 담소를 나누고 있다. 그 중 가장 인기있는 곳은 단연, 어린이들이 끊이지 않는 창의놀이터이다. 공원 앞 위치한 초등학교 학생들의 참새 방앗간이자, 인근 아파트 거주 아이들로 항상 북적인다. 넓지 않은 근린공원이 이렇게 알찬 공간과 주민들로 활기차다니 정말 공원은 놀랍다.

배드민턴장

체력단련시설

공업지대에서 문래예술촌까지

현재 문래공원 근처는 옛 공장지대에 예술가들이 입주하면서 핫플레이스로 부상하였다. 문래공원을 더 잘 이해하기 위해서는 공원 근처 지역도 조금 살펴볼 필요가 있다. 앞서 설명했듯이 영등포구는 1928년 일제강점기 경성부 도시계획에 따라 공업지대로 지정되어 공장들이 들어서게 된다. 문래동은 방직공장부터 철공소까지 공업지대를 형성하고 있었다. 그러나 1980년대 이후 수도권 공장 이전 정책에 따라 공장들은 경기도 안산 등지로 이전하여 이곳에는 소규모 제조공장이 들어왔다. 하지만 도시화와 IMF 사태로 작은 공장들도 이전하게 되고 2000년대 중반부터는 철공산업이 쇠퇴하면서 문을 닫는 철공소가 늘어나게 되었다. 임대료가 저렴해지자, 철공소의 빈 공간을 싸게 임대하는 예술가들이 하나둘 모여들면서 이 지역의 특성을 창작공간으로 활용하기 시작하였다. 지역에서 환영받지 못하던 폐공장과 창고가 예술문화공간으로 변화하기 시작한 것이다.

그럼 2000년대의 문래공원 주변은 어땠을까? IMF 사태 이후 문래공원에서는 1998년 5월부터 무료급식소가 운영되었다. 무료급식소가 점점 알려지면서 공원 내 노숙자가 늘어가고 폭력 등 여러 사건이 생기면서 공원은 우범화되고 주민들의 민원이 증가하였다. 이 당시에는 문래공원뿐만 아니라 서소문공원, 여의도공원 등 서울 시내 공원 곳곳에서 노숙자 문제가 심각했었다. 아마도 전쟁 후 공원에 판자촌이 생기게 된 것과 비슷한 이유로 오갈 곳이 없는 사람들이 공원에 모였을 것이다. 하지만 이미 주변이 거주 밀집지역인 데다가 학교가 자리하고 있어서 수많은 민원이 제기되었다.

"KBS '사랑의 리퀘스트'에서 후원하여 한국사회 복지단체에서 봉사하는 것이었습니다. 그 무료급식은 실직자들 에게 따뜻한 정을, 동네 주민에게는 좋은 모습을 보여주었습니다. 그러나 이러한 좋은 모습은 바뀌어 언제부터인가 저녁에는 노숙자가 점점 늘어가고, 주민의 휴식처인 공원이 폭력, 강도, 절도 사건으로 주변 주민의 진정과 구청에 대한 원성이 점점 높아가고 있었습니다."

"당초 문래공원을 무료급식 장소로 사용토록 허용한 것은 실직자들의 생활보호차원이라는 순수한 뜻에서 이루어진 것입니다. 그러나 지적하신 바와 같이 무료급식을 제공받은 일부 실질자들이 공원에서 노숙하기 시작했고, 일부 노숙자들의 음주, 고성방가, 공원내 무단 방뇨, 부녀자 희롱 등으로 공원 이

용자나 인근 주민들에게 큰 불편을 준 것이 사실입니다. 그리하여 자체 공원 순찰반을 편성하여 야간 계도활동을 실시함은 물론 영등포 경찰서에 협조 의뢰하여 계도단속을 지속적으로 실시한 바 있습니다. 무료급식을 주관하는 한국복지재단측에 급식 장소를 타 지역으로 이전하여 줄 것을 강력히 요구하여 문래공원에서의 무료급식은 11월 3일부로 종료하게 되었습니다." (영등포구의회 1998.12.3.)

2000년 당시 영등포구에는 서울시 노숙자 쉼터 106곳 중 5곳이 있었고 그곳에 1,500여 명이 입소해 있었다. 영등포구 내 공원 주변에 노숙자 쉼터들이 자리하고 있었다. 문래공원에는 자유의 집, 영등포공원에는 한마음쉼터, 영등포역에는 토마스의 집, 여의도공원에는 보현의 집이 자리하고 있었는데, 그곳에 입소한 노숙자 중 일부가 낮에 공원에서 시간을 보내거나 공원에서 노숙하였다. 그들은 공원 순찰 때만 다른 곳으로 잠시 피했다가 다시 공원으로 돌아오기 때문에 근본적인 원인이 해결되지 않아서 민원이 장기화되었다. 노숙자와 관련된 민원은 몇 년 동안 지속해서 제기되었으나 여러 사회적 여건과 재정적인 문제로 인해 해결이 쉽지 않았던 것으로 보인다. 주민들과 구에서는 서울시에 지속해서 이전 및 분산수용 등을 촉구하였다. 특히, 문래공원 바로 옆에 있는 초등학교에서는 아이들의 안전 문제와 관련하여 가정통신문을 배포할 정도로 큰 문제가 되었다.

"초등학교에서 학부형들께 보낸 가정통신문 내용을 보면 이쪽의 자유의 집이 주민들에게, 학생들에게 얼마나 많은 불편함과 두려움을 주고 있는가 하는 것이 소상하게 나타나 있습니다. 첫째, 학교에 일찍 등교하지 않도록 지도해 주십시오. 둘째, 하교할 때 문래공원에서 놀지 않도록 지도해 주십시오. 셋

째, 야간에 혼자서 문래공원을 다니지 않도록 지도해 주십시오. 넷째, 등·하교 시 혼자서 다니지 않고 같은 방향에 사는 친구들과 함께 다닐 수 있도록 지도해 주십시오. 학교에서도 자체적으로 학생 안전보호를 위한 대책을 수립하여 관계기관과 협조하여 안전한 등·하교가 이루어질 수 있도록 최선을 다하겠다는 내용의 가정통신문을 발송을 했단 말씀입니다. 문래공원이나 저희 아파트 벤치에 보면 항상 노숙자들이 술에 취해서 옷을 풀어놓고 주무시고 있고 또 술을 마시고 있다는 것이에요." (영등포구의회 2003.11.21.)

문래공원 근처에 있는 자유의 집은 1999년 2월 문래공원 건너편 옛 방림 방적 학교 및 동명상고 기숙사 자리에 설치되어 1,000여 명의 노숙자를 수용하고 있던 대규모 시설이다. 서울시에서 노숙자로 판단할 경우 최초로 가는 중간쉼터로, 사회적응교육 등을 거쳐 재활 중심 시설로 옮겨가게 된다. 원래는 2000년 6월 말까지 한시적으로 운영하기로 했으나 서울시에서도 다양한 이해관계의 갈등 속에 별다른 대안이 없어 차일피일 지연되었다. 다른 지역에서도 이전을 모두 강하게 거부했기에 이전이 불가능한 상황에서 소송과 항소가 모두 끝난 2004년 1월에야 폐쇄되어 신규 시설로 이전하였다. 그리고 그 자리에는 아파트 단지와 상업시설이 들어섰다.

이제 2000년대 중후반부터 예술가가 모여든 문화예술촌으로 돌아와 보자. 앞에서 말했듯이 공장들이 나간 자리와 공장의 빈 공간에 비싼 임대료로 인해 홍대와 신촌 등지에서 밀려난 예술가들이 하나둘씩 자리 잡게 된다. 이러한 분위기 속에서 2010년 서울시(서울문화재단)에서 도시재생사업의 일환으로 문화예술공장을 설립하면서 본격적인 창작촌이 형성되었다. 이후 이곳에 작은 공방과 카페, 식당 등이 생겨나 상권이 활성화되면서 사람들의 발길이 이어지고 있다. 벽화가 그려진 작은 골목들이 연결되고 공장을 리모 델링한 상업시설과 철공소가 이곳만의 독특한 분위기를 형성하고 있다. 특히 저녁시간 이후부터는 옛 공장을 리모델링한 가게들에 손님들이 몰리며 낮과 밤의 분위기가 완전히 다른 상업지역으로 거듭났다.

문화예술촌을 방문하는 외지인이 늘면서 문래공원에도 많은 사람이 방문하고 있다. 문래공원 주차장을 이용하면서 공원을 방문하기도 하고, 입소문으로 일부러 공원을 방문하기도 하는 등 문래공원은 예전보다 더 활성화되었다. 현재 문래동은 타 지역에서 겪었던 젠트리피케이션을 지역주민과 함께 고민하며 그 해결 방안을 강구하고 있지만, 임대료 상승에 따른 이동은 여전히 일어나고 있다. 건축주과 세입자 간의 소통과 공공의 지원에 힘입어 이질적이지만 묘하게 어울리는 철공소와 예술이 공존하는 공간이 계속 유지되기를 바란다.

여전히 진행 중인 논란

문래공원에는 공원조성 전부터 있던 박정희 흉상과 지하벙커가 그대로 존치되고 있어서 논란이 끊이지 않고 있다. 앞에서 언급했듯이 문래공원은 제6관구사령부가 있던 자리이다. 박정희 전 대통령은 1960년 7월 제6관구 사령관으로 부임해 이듬해 1월까지 있었으며, 1961년 5월 16일 제6관구사령부를 지휘소로 삼아 군사정변 작전을 실행했다. 5·16 관련 기록에 따르면 현재 공원의 벙커는 사령부 집무실이자 사령부 내 참모와 작전회의를 했던 곳으로 추정되며, 5·16 전날 밤 신당동 자택에서 출발해 문래근린공원 벙커에 도착하여 이미 와 있던 당시 혁명군과 미리 소식을 듣고 혁명군을 체포하러 온 헌병들에게 도움을 호소하며 설득하였던 장소로 언급된다. 이러한 연유에서 박정희 재임 기간 중 1966년 7월 제6관구사령부(훈련대장이던 박하철 중령) 의뢰로 흉상이 제작되었다. 당시 홍익대 조소과 최기원 교수가 흉상 조각을 제작하고, 흉상 아래 비문은 소설가 월탄 박종화가 지었으며, 글씨는 서예가 소전 손재형이 썼다.

뿌리 깊은 나무는 바람에 아니 흔들리나니 차마 부정 불의 무능의 천지를 볼 수 없었다. 나라를 구하려는 일편단심. 결연히 칼을 뽑아 창공을 향하여 성화를 높이 들다. (소설가 박종화 선생 글)

1985년 4월 공원 설계 당시, 동상이전에 대한 검토가 있었으나, 동상을 존치하고 주변에 공원시설을 계획하는 것으로 서울시 방침이 결정되었다.(건설부 고시 172호) 하지만 그 이후에도 계속 흉상의 존치에 대한 고민이 있었던 것으로 보인다. 이러한 고민은 1985년 7월, 흉상의 처리 문제에 대해 언급한 공문서를 통해 엿볼수 있었다. 문서에서는 가) 현장의 존치, 나) 타 장소로의 이전 여부, 다) 타 장소로 이전 시 이전장소 및 처리방법을 종합적으로 검토한 후 지침을 보내 달라고 하였으나, 이후 답변에 대한 문서는 아직 확인하지 못하여 존치된 구체적인 이유에 대해서는 알길이 없다.

이러한 상황에서 2000년 11월 5일 일요일 낮 12시, 문래공원에서 고 박정희 대통령 흉상 탈취 도주사건이 일어났다. 민족문제연구소, 민주노동장서대문·은평지구당, 서부한총련, 인터넷대자보, 홍익대 민주동지회, 4월동지회로 구성된 6개 단체의 약 25명이 '썩은 역사를 무너뜨리며'라는 제목의 성명서를 발표하고[25] 유인물을 뿌린 후 문래공원 내 흉상을 탈취해서 홍익대학교 내로 도주하였다. 그 과정에서 문래공원 근무 직원이 찰과상을 입었다. 영등포경찰서에서 조사를 통해 철거 주도자 3명을 폭력행위 등 처벌에 관한 법률 위반 혐의로 입건하였으며, 이들은 대법원에서 유죄로 확정받았다. 이 사건으로 한동안 방치되었던 흉상의 소유권과 관리주체에 대한 논의가 재개되었다.

"우선 먼저 짚고 넘어가야 될 사항이 과연 흉상 이것이 과연 누구 거냐? 관리책임자가 누구냐 사실 그것 먼저 밝혀야 될 것 같습니다.…(중략)…우리 소유의 공원에 흉상이 설치가 됐다고 하면 유지관리는 우리 구청에서 해야 되는 것 아닙니까? 우리 소유로 돼 있죠? 그러면 유지·보수도 우리가 해야될 의무가 있네요."(영등포구의회 2000.11.6.)

철거되었던 흉상은 영등포구청에서 돌려받아 5개월 후 다시 세워졌으나 철거사건으로 코가 부러진 상태였다. 이를 보다 못한 '고 박정희 대통령 흉상 보존회'에서 400만 원을 들여 코를 복원하였다. 또한 흉상이 재설치되면서 흉상 주변에는 이중 철책과 함께 경비보안시스템이 설치되고 야간경비도 강화되었다. 이는 동물원과 노숙자 증가에 대한 민원 영향도 있다고는 하나, 흉상 탈취 사건 이후부터 예산에 편성된 전후관계를 보면 민원으로 인한 설치는 아닐 것으로 짐작된다.

2016년 11월 12일 박정희 대통령 정신문화선양회(전 박정희대통령흉상 보존회)는 문래공원 흉상 앞에서 '박정희 대통령 탄신 99주기 5·16 천도해원대제'란 굿을 열었다. 문래공원 전체가 시끌시끌했다. 무속인이 공원 내 흉상 앞에서 굿을 하고, 그 주위엔 군복 같은 옷을 입은 남성들이 이들을 지키면서 행사를 진행했다. 이에 지역주민들이 항의하였으나 행사는 중단되

1985년 당시 흉상모습 ⓒ서울사진아카이브

지 않고 예정대로 진행되었다. 이 일로 지역주민들의 항의가 이어지자 2016년 11월 29일 서울시의회의 질의응답에서 서울시는 문래근린공원 내 박정희 흉상을 철거·이전하기 위해 노력하겠다고 발표하였지만, 이역시 소유권 관계가 명확하지 않아 실행되지 못하였다.

2016년 12월 4일, 이번에는 흉상이 빨간 스프레이에 의해 훼손되는 사건이 일어났다. 미술작가인 최황은 '박근혜 탄핵 5일 앞두고 박정희 흉상에 붉은색 락카를 칠했습니다.

- 서울 영등포구 문래동 박정희 흉상 철거를 위한선언문'이라는 제목의 기사를 통해 자신이 흉상에 래커칠을 한 사실을 스스로 밝혔다. 박정희 대통령 정신문화선양회는 최황을 고발하였으며, 이에 검찰은 특수재물손괴로 최황을 기소했다. 이 사건으로 그동안 소유권이 애매했던 흉상은 재판 과정에서 법적으로 서울 영등포구청의 소유권으로 인정받게 되었다. 2019년 8월이 되어서야 그간 논란이 되던 소유권 관계가 명확해진 것이다.

현재, 흉상은 이중으로 된 철책과 CCTV의 보호를 받고 있다. 철책 한쪽에는 박정희 대통령 흉상보존회 명의의 '고 박정희 대통령 흉상을 훼손하거나 주위 시설을 손괴하는 자는 이유 여하를 막론하고 엄중 조치함'이라는 경고문이 붙어 있다. 공원의 보행공간을 넉넉히 차지하고 있는 이중철책이

불편한 것은 나쁠까? 인라인과 자전거를 타고 그 옆의 좁은 포장로를 아슬아슬하게 지나가는 아이들에게 자꾸 시선이 간다.

정리하면, 흉상의 설치 및 최초 소유권자인 육군 제6관구사령부와 수도군단은 다른 부대로 편입, 이전하면서 박 전 대통령 흉상을 그 자리에 그대로 두었다. 공원조성 과정에서도 흉상의 존치가 논란이 되었으나, 소유권자가 애매하며 누구도 소유권을 주장하지 않는 무주물 상태였다. 지역주민들이 민원도 제기하고 흉상철거 기자회견도 열었으나 소유주가 불명확한 탓에 조치를 취하기 힘들었으며, 공원관리 주체인 영등포구에서도 주인을 알 수 없다는 이유로 문제의 해결이 차일피일 계속 미뤄지고 있었던 것이다. 2000년과 2016년 사건 이후에도 시민단체가 철거 또는 이전해 달라고 지속해서 요구하고 있으나 여러 이해관계와 갈등으로 인하여 지연되었다. 2020년 지금도 현재의 자리에 그대로 존재하고 있다.

문래공원의 과거 벙커와 흉상 모습 재현

　군부대에서 앞마당으로 변한, 문래공원

문래공원에는 고 박정희 대통령 흉상과 함께 언급되는 제6관구 시설에 지어진 또 다른 시설이 있다. 가로 17m, 세로 20m, 높이 2.47m의 오래된 지하벙커이다. 공원조성 과정에서 시설의 노후화 및 지하수 흐름 방지를 예방한다는 이유로 지하벙커를 철거하려고 계획하였으나 '5·16 성지 보존'이라는 주장으로 인해 그대로 존치한 채 공원을 계획하였다. 공원조성 이후부터 지하벙커는 안전 등의 이유로 폐쇄된 채 여전히 공원 한쪽에 자리하고 있다. 2000년대 들어서 지하벙커를 활용하자는 여론이 증가함에 따라 영등포구는 2009년 지하벙커에 대한 문헌적, 학술적 고증을 통해 역사문화로 활용하는 방안을 찾기 위해 지하벙커 활용 기본계획 연구용역을 시행하였다. 하지만 문헌 고증, 인터뷰 조사 등으로 연구를 수행한 결과 지하벙커는 5·16 및 제6관구사령부와 관련성이 미흡한 것으로 나타나 역사적 의미를 판단할 수 없는 것으로 결론이 내려졌다. 이후 별다른 조치없이 그대로 폐쇄된 채 방치

되어 있다.

　공원에 있는 흉상과 지하벙커. 두 차례의 공원조성 과정에서도 그 자리에 그대로 있는 과거를 담은 시설들. 이를 지역의 역사교육이나 문화공간으로 활용할 더 좋은 방안은 과연 없는 것일까? 40년 가까이 해결되지 않은 문제지만, 지금의 방치된 모습이 아닌 시민과 공유할 수 있는 공간으로 하루속히 돌아오길 바란다.

군부대에서 앞마당으로 변한, 문래공원

사람이 모이는 그 곳,
서소문공원

- 공원위치 : 서울시 중구 의주로2가 16-2
- 공원면적 : 21,363㎡
- 지정연도 : 1973년 11월 22일
- 조성연도 : 1976년 10월 14일

사소문 중 서소문

"땡땡땡~~"

갈 길이 급한데 서소문 철도건널목 신호에 걸렸다. 조급한 마음을 잠시 내려두고 지나가는 기차와 공사 중인 서소문공원을 무심히 보고 있다. 나는 골목을 좋아한다. 기찻길과 고가도로로 인해 약간 뒷골목 느낌이 있기는 하지만, 예전 서울의 모습이 묻어나는 이 길도 좋다. 가만히 바라보며 며칠 전 확인한 예전 공원도면을 눈 앞의 서소문 공원에 대입해 본다.

우리가 알고 있는 동서남북 4개의 대(大)문과 소(小)문 중 하나인 서소문(西小門)은 남대문(숭례문)과 서대문(돈의문) 사이에 있던 간문(間門)이다. 1396년 다른 성문과 함께 건축되었으며, 원래 이름은 소덕문(昭德門)이었으나 1472년에 소의문(昭義門)으로 개칭되었다. 일제강점기인 1914년 경의선

서소문공원 잔디밭 전경

서소문시장과 만초천 재현

철도 개설과 도로 확장으로 도심 성곽과 함께 서소문은 철거되었다. 지금은 그 자리에 서소문이라는 변경된 이름과 서소문 터였다는 표지석만 남아있다.

조선시대에 서소문은 강화도, 무악재, 마포로 통하는 교통의 중심지이자 상업의 중심지였다. 아현과 남대문 칠패(七牌)시장으로 통하던 문으로 사람들의 왕래가 잦아 서소문 주변 시장과 함께 번화했던 곳이다. 칠패시장은 조선후기 한양의 3대 시장 중 하나로 많은 사람들이 이용하던 곳으로 매우 번성하였다. 『목민심서』(1901)와 『경도잡지』(1911)에는 서소문 밖 시장과 사람들 왕래가 빈번했다는 기록이 있다. 이러한 배경으로 서소문 밖은 다양한 사람들이 뒤섞어 함께 거주하는 지역이었다. 사대문 안에서 살다가 이주한 중산층, 남대문에서 장사하는 상인들, 전국에서 올라와 자리 잡은 사람들 등 다양한 사람들이 모여 살았다. 또한 18~19세기에는 천주교 신자들도 자유로운 활동을 위해 도성 밖에서 공동체를 형성하였다.

서소문은 많은 죽음과 연관되어 있다. 사대문 안에서 사람이 죽으면 상여나 관이 소의문으로 나갈 수 있었다고 한다. 1416년에는 경각심을 주기 위해 백성들의 왕래가 잦은 서소문이 주요 형장(刑場)으로 지정되었다. 서소문 형장에서 많은 천주교인이 순교하였으며, 홍경래, 갑신정변 주범, 동학농민혁명 지도자도 이곳에서 참형을 당하였다.[26] 형장의 위치는 서소문 밖의 비탈진 언덕길 아래, 즉 현재의 서소문공원 옆에 있던 만초천[27]의 이교(橋, 흙다리) 남쪽 백사장이었던 것으로 알려져 있다. 지금 공원에 있는 '뚜께우물'은 망나니가 형을 집행할 때 칼을 씻던 우물로 망나니 우물이라고도 불렸다. 가뭄에도 마르지 않고 물이 솟았으며 늘 뚜껑을 덮어 두었다고 한다. 뚜께우물이라는 이름은 일제강점기에 개정(蓋井)우물로 불리게 되었고, 주변은 개정동이라 명명되었다.

서소문공원 위치에는 만초천도 있었지만, 지금은 그 흔적을 찾기 쉽지 않다. 1925년 큰 홍수로 만초천 제방이 모두 무너져 개수공사가 시행된다. 경의선 철로 변경으로 서대문정거장이 사라지고 경성역이 신설되었으며, 경의선의 노선 변경으로 만초천은 직선화되었다. 이후 만초천 복개 공사로 용산 미군기지 내부 구간과 용산역 주변 일부를 제외하고는 모두 복개되어 도로가 되었다. 대표적으로 만초천 복개 부지에 1972년에 지어진 서소문아파트가 아직 남아있다.

일제강점기에 일본은 도성의 공간구조를 개조, 훼손하고자 하였다. 1907년 고종 퇴위 후 바로 '성벽처리위원회'가 구성되었고, 일본 황태자 방문에 맞춰 진행된 성벽철거과정에서 남대문 북쪽 성벽을 헐어버렸다. 숭례문(남대문), 흥인지문(동대문) 부근의 성벽과 오간수문 등이 차례로 철거되었다. 성벽없이 성문만 겨우 남아 섬처럼 되어버린 남대문도, 동대문과 남대문 사이의 성벽도 이때 훼손된 것이다. 서대문과 서소문은 경매에 붙여졌다. 1914년 11월 25일 매일신보에서 도로정리를 위해 서소문을 경매 입찰한다는 기사를 확인할 수 있다. 이후 1914년 서소문(소의문)이, 1915년엔 서대문(돈의문)이 기단석 하나 남기지 못하고 사라졌다. 이제 우리는 서소문이라는 이름만 겨우 기억한다.

이후에도 서소문과 함께 의주로는 많은 사람이 통행하던 주요 길목이었다. 의주로는 서대문에서 서울역을 지나 용산역으로 이어지는 중요한 도로이자 경의선 철길 옆에 있어서 일찍부터 사람들이 모이는 장소로 발달하였다. 한국전쟁 때는 군인들의 주요 이동통로로 활용되었다. 과거부터 늘 사람이 많은 길목이었기에 공원 조성 전까지 시장이 형성되어 성행하였다.

중앙도매시장

서울의 시장은 조선시대부터 1930년대 후반까지 남대문과 동대문을 중심으로 도·소매를 겸하는 시장이 형성되어 있었다. 조선후기 남대문에는 칠패(七牌)시장, 서소문에는 서소문밖시장이 자리하고 있었는데, 일본총독부 권한으로 1923년 3월 15일 「중앙도매시장법」을 제정하여 1939년 3월 30일 남대문에 중앙도매시장을 개설하였다. 중앙도매시장에는[28] 청과류와 수산물 등 식료품 도매시장이 자리하고 있었는데, 서울수산주식회사와 경성중앙청과주식회사에서 맡아 운영하였다.

해방 후 1951년 6월 중앙도매시장법 대신 「서울특별시 중앙도매시장 업무규정」을 제정하여 농수산물 도매시장의 제도적 장치가 마련되었다. 경성중앙청과는 해방 이후 현재 서소문공원 자리인 의주로시장(염천교)시장으로 이전하고 서울특별시 농산물 업무를 대행하였다. 1946년에는 상호를 중앙청과주식회사로, 1963년에는 서울청과주식회사로 변경하였다. 염천교를 기준으로 한쪽에는 채소, 과일, 쌀, 생선 도매시장이 있었고 반대쪽에는 화물정류소가 있었는데, 서울역 뒤 중림동은 고무공장이 밀집해 있어 고무신을 생산하였다. 시장에는 각지에서 모인 사람들이 물건을 사고팔았는데, 쌀장사와 생선장사가 제일 컸다고 한다. 한강을 통해 배를 이용하여 한강 하구에서는 곡물이, 서해바다에서 잡은 생선이 유통되었다.

하지만 전쟁을 겪으며 새로운 도매상과 중개인들이 등장하면서 시장의 규모가 크게 줄어들었다. 이후 서울의 인구가 급격히 증가하고 서울의 면적이 확대됨에 따라 도매시장의 위치와 기능을 재편성하게 된다. 1968년 7월 수립된 유통혁명 5개년 계획 추진으로 대규모 도매시장이 조정기에 들어선다. 1975년 8월 중앙도매시장이 폐쇄되면서 수산부문은 노량진으로, 청과

부문은[29] 용산으로 이전하였다. 수산부문이 노량진으로 이전한 후에도 서소문공원 근처에서는, 공원조성 전 1960년대처럼 여전히 새벽시장이 열린다. 그때보다는 규모가 작아졌지만 합동새벽시장인 중림시장 이름으로 약현성당 입구 근처에서 새벽마다 장이 열린다. 예전의 명성과는 달리 소규모 점포 40~50여개가 전부이지만, 여전히 그 명맥을 유지하고 있다. 하지만, 중림동 재개발로 인해 남은 시장마저도 언제 사라질지 모른다.

의주로공원

중앙도매시장 폐쇄로 정책방향이 정해지면서 의주로 2가 일대는 1973년 11월 22일(건설부 고시 제460호) 17,670㎡ 면적의 도시계획시설(공원) 조성이 결정되었다. 공원시설계획이 수립되고 1975년 7월 29일 공원조성이 결정(서울시 고시 제116호)되어 11월부터 3억 2,000만 원 예산으로 공원조성 공사가 진행되었다.

공원조성 추진 및 공사완료 시점까지 공문서에서 쓰이던 이름은 '의주로공원'이다. 1976년 10월 열린 의주로공원 준공식에서도 의주로공원이라는 명칭을 사용하고 있다. 하지만, 그 이유는 정확히 모르겠지만, 공원 조성 초기부터는 서소문공원으로 사용되었다. 1975년 당시 도시계획결정 및 지적승인 도면에는 지금은 찾기 힘든 만초천의 형태와 공원조성 전의 토지구획 모습이 보인다. 이 도면에 표시된 공원의 경계는 공원계획 과정에서 사유지 매입, 철도노선 등의 문제로 조금씩 변경되었다.

초기 실시설계 공고에 제시된 평면도와 최종 3차 준공도면으로 기록된 평면도에는 많은 차이가 있다. 이를 통해 조성계획 고시 후 많은 변경이 있

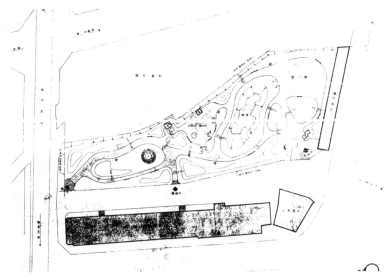

1975년 서소문공원 실시계획 공고용 평면도 ⓒ서울기록원

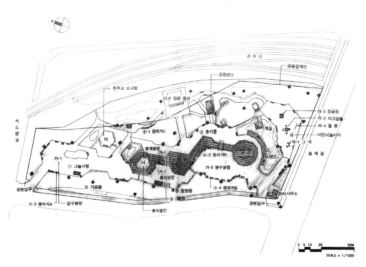

1976년 서소문공원 공사준공(3차) 평면도 ⓒ서울기록원

1976년 의주로공원 전경 ⓒ서울사진아카이브

었음을 짐작할 수 있다. 1975년 5월 말 고시된 평면도에는 둥근 선형의 연못
과 어린이놀이터가 중심에 있었다. 하지만 준공 평면도에는 직선 형태의 설
계로 분수, 연못, 벽천 등의 수경시설을 중심시설로 배치하였다. 어린이놀
이터는 염천교 쪽으로 이동, 변경되고, 조경식재, 대피호, 관리사무실, 공중
변소, 담장 등이 설치되었다. 공원조성 이후 1979년에는 윤관 장군 동상이,
1984년에는 천주교 순교자현양탑이 건립되었다. 최근 서소문역사공원으로

1976년 의주로공원 분수야경 ⓒ서울사진아카이브

재조성하면서 윤관 장군 동상은 훈련원공원으로 이전하였다.

1990년대 들어서면서 상업업무시설이 밀집한 도심에 위치한 지리적 특성으로 서소문공원 주변은 심각한 주차 문제와 노숙자 관련 민원이 증가하게 된다. 이를 해결하고자 서울시에서는 주차난 해소를 위해 공공주차장 건립 정책을 시행하고, 중구에서는 국·공유지인 서소문공원 지하에 주차장 건립을 추진한다. 공원 하부 지하주차장 건립에 따른 차량출입구, 환기구, 비상계단 등의 신규 시설 설치로 인해 1995년 11월 공원조성 변경계획이 결정·승인되고 조성공사가 시작되었다. 이와 함께 1997년 공원을 새로 단장하면서 주차 관련 시설로 인해 녹지면적이 감소하여 녹지율이 72.9%에서 60.0%로 줄어들었다. 공원조성계획 변경 과정에서 이용 활용도가 떨어지는 유희시설(어린이놀이터) 대신 운동시설과 편익시설이 추가되었으며, 공사를 위해 1984년에 세워진 순교자 현양탑을 헐었다가 1999년 새로 재건립하였다.

서소문공원은 탑골공원 못지않게 노인들의 모임장소로 유명했으며, 특히 IMF 사태 이후에는 실직자들이 몰려들면서 실직자와 노숙자를 위한 시설도 있었다. IMF 사태로 인해 1998년에는 노숙자가 크게 증가하였는데, 당시 서울역 노숙자는 매일 1,000명 정도로 추산된다. 서울역과 가까운 서소문공원 역시 노숙자가 공원을 점거하고 있었으며, 아예 공원에 텐트를 치고 거주하는 경우도 있었다. 이러한 상황에서 서소문공원은 노숙자가 상주해서 위험하고, 지하에 종합폐기물처리시설이 있어서 위생적이지 못하다는 인식으로 지역주민들에게 외면받는 공원이 되었다.

지속되는 민원을 반영하여 1999년 공원을 정비하자 공원 이용객이 조금씩 증가하였다. 2004년에 벤치 등 부패하고 썩은 목재 시설물을 포함한 노후시설물 정비를 비롯해 노숙방지용 의자 설치, 운동기기 교체 등 공원을 재정비하고, 2006년 공원 앞 브라운스톤 아파트에 330세대가 입주하면서 공원 이용객은 더욱 증가하였다. 이용객이 증가하면서 공원 이용 관련 시설정비 요청 민원도 증가하였다. 이에 2009년에는 5억 원의 예산을 들여 서소문공원 산책로 포장 정비, 녹지대 정비, 조명시설정비 사업을 진행하였다. 그 덕분에 당시 공원을 자주 이용하던 사람들은 당시 서소문공원에서 여가시간을 보내고, 공원의 제법 큰 나무들의 색변화에 따라 계절이 바뀌는 공간을 즐기던 추억을 가지고 있다. 이후에도 계속 인근 직장인과 주민의 사랑을 받던 공원은 2010년대 새로운 역사공원으로 탈바꿈하게 되는데, 잠시후 그 과정을 하나씩 살펴보자.

서소문공원의 또 다른 모습

서소문공원에는 공원 이외의 시설도 있다. 기억하는 사람들이 많지는 않겠지만 공원 지하에는 10여 년 동안 화훼시장이 있었다. 그리고, 1990년 중반에 조성된 주차장과 자원재활용 처리장은 지금도 있다.

앞에서 설명했듯이, 공원 주변 사무실 및 상가 밀집으로 심각해지는 주차난 해결을 위해 공원 지하에 공공주차장 건설이 1993년부터 추진되어 1997년 완성되었다. 이와 함께 기존 쓰레기중간적환장 및 동 단위 재활용수집소로 사용되던 서소문고가도로 아래 노상시설을 정비하기 위해 서소문공원 지하 3개 층에 3,000여 평 규모의 폐기물처리시설(쓰레기압축시설)을 설치하게 된다. 당시에는 서소문고가뿐만 아니라 동호고가 등 고가도로 하부공간을 재활용수집소 및 중간적환장으로 활용하고 있었기에, 고가도로 하부에는 늘 악취가 심하고 쥐 떼가 몰려들어 많은 문제가 발생하였다. 이러한 문제를 개선하기 위해 총 250억 원의 예산으로 재활용 자동화 시스템을 구축하는 사업을 추진하였다. 폐기물 압축 시설과 재활용 처리 시설을 함께 갖추어 서소문공원 지하에서 재활용품을 분류하여 배출하는 것이 주요 목적이었다. 이를 통해 고가도로 하부 중간적환장을 폐쇄하여 노상의 쓰레기 방치로 인한 악취를 개선하고 청소차 차고 문제도 해결하기 위해서였다. 당초 1998년 12월 목표로 진행되었으나, 초반 공사를 진행하던 업체의 부도로 쌍용건설이 인수하여 1999년 5월 준공, 2000년부터 운영하였다.

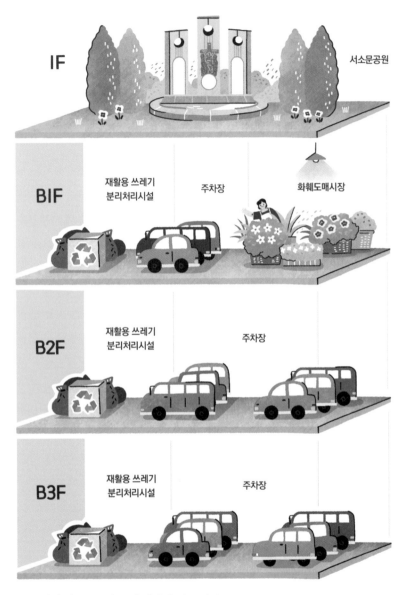

서소문공원

B1F

재활용 쓰레기
분리처리시설

주차장

화훼도매시장

B2F

재활용 쓰레기
분리처리시설

주차장

B3F

재활용 쓰레기
분리처리시설

주차장

2000년대 서소문공원 층별 다양한 기능 개념도

중구 자원재활용 처리장 건립과 함께 공원 주차장인 지하 1층 한쪽으로 는 화훼시장이 계획되었다. 여기서 잠깐 국내 화훼시장 상황을 살펴보자.

우리나라에서 화훼재배는 1960년대부터 시작하여 대도시 시장을 중심 으로 발달해왔다. 1970년에 남대문시장 대도상가에 최초의 꽃시장인 '남 문 꽃상가'가 생겼으며, 1972년 '남대문 대도꽃상가'를 재개설하여 위탁시 장의 기능을 하였다, 이후 1983년 남대문 상인 일부가 반포 인창상가 지하 로 이주하였다가 다시 1986년 고속터미널 경부선 지하점포로 이주하여 현 재의 '터미널 꽃 도매상가'가 시작되었다. 그런가 하면 최초의 법정도매시 장인 양재동 화훼공판장은 1991년 6월에 개장하여 aT센터(농수산물유통공 사)에서 운영하고 있다. 현재 국내에서 생산된 절화의 절반 이상이 수도권 에 반입되어 소비되는데, 강남 고속터미널 꽃시장이 가장 많이 애용되고 있 으며, 강남코벤트 꽃상가, 남대문 대도시장 등 재래시장이 그 뒤를 잇고 있 다. 남대문 꽃 도매상가인 대도상가는 지금은 과거보다 규모가 조금 축소되 었으나, 여전히 각양각색의 생화, 조화, 부자재 등을 판매하고 있다.

서소문 화훼시장은 처음에는 남대문 화훼도매시장 기능을 일부 옮겨 오 려는 의도로 추진되었다. 1998년 8월에 서소문 지하상가 300여 개 점포가 입주할 예정이라며 남대문 도매시장 대부분이 이전하는 것처럼 광고하여 공정거래위원회로부터 허위과장분양광고 시정명령을 받기도 했다.[30) 하지 만 알려진 것과는 달리 남대문 도매상점은 이전하지 않았고, 공사 기간도 현 장 여건 및 노숙자 문제로 지연되어 2002년 4월 100여 개의 점포로 개장하 였다. 초반에는 국제화훼유통에서 운영하다가 2006년 7월 대우건설이 플 라워파크라는 이름으로 서소문공원 지하주차장을 양도·양수하였다. 이후 2006년 8월부터 2015년 6월까지 무상 사용 허가를 받아 상부 공원을 제외한 지하주차장과 화훼시장을 관리하게 된다. 서소문공원 주차장 이용률도 증가하고 꽃시장도 순조롭게 잘 관리가 되었다. 당시 서소문공원 지하 화훼시장에는 남대문 꽃시장 기능의 일부가 이전되어 양재동이나 고속터미널 화훼시장 방문이 어려운 사람들이 자주 방문하였다. 서소문 화훼시장은 접근성이 좋은 시내에 위치하고 있고 도·소매 매장이 함께 있어서 인근 지역 주민과 직장인들이 주 이용객이었다.

"민자유치로 주차장을 건립을 하면서 주차장이 수익적인 사업이 못 되거든요. 그래서 법상 보면 전체면적의 30%를 부대시설을 할 수 있게끔 해서 그 30%가 꽃상가가 들어와 있습니다. 그런데 지금 꽃상가 상인들이 남대문에서 있다가 여기로 온 사람들인데요. 공식적인 입장에서는 나가야 해서 고민입니다."(중구의회 2014. 7.11.)

서소문역사공원 조성을 위해 화훼시장 폐쇄가 결정되었을 때, 당시 상인들의 반발이 없지는 않았으나, 이미 임대만료기간을 알고 있었기에 다행히 갈등이 심해지지는 않았다. 계약이 만료되는 2015년 6월, 대다수의 점포들은 이미 이전을 하였으나, 미처 이전하지 못하고 남아 있던 30여 개 점포는 철거와 함께 쫓겨났다.

서소문공원 내의 시설은 아니지만, 서소문공원과 떼려야 뗄 수 없는 것이 있다. 바로 노숙자 문제이다. 1997년 IMF 경제위기 이후, 서소문공원은 서울역과 함께 서울에서 노숙자가 가장 많은 곳으로 노숙자 지원시설과 프로그램이 집중적으로 운영되었다. 서소문공원의 경우 무료 급식과 무료 진료(국립의료원과 불교약사회)를 시행하였는데, 특히 1998년 초, 경실련에서 가건물을 활용한 급식소를 운영하고, 구청에서 운영을 허가해 주면서 예산도 함께 지원하였기에 많은 노숙자가 모여들었다.

"서소문공원의 경우에는 지금 천막이 한 7, 8동이 있고 한 천막에 5, 6명 이렇게 거주하고 있습니다만, 현실적으로 상당히 권유를 하고 자꾸 희망의 집 으로 옮기도록 하고 있습니다만, 거기에 1일 노동시장이 서소문공원 내 옆에 있습니다. 매일 새벽시장이 열립니다. 그래서 그것 때문에 아마 이 사람들이 노동시장에서 가깝기 때문에 잘 옮기려고 하지 않아서 잘 안 되고 있습니다." (중구의회 1998.11.25.)

"이제는 노숙자들이 굉장히 숙달이 됐다고 할까요, 서부역 앞에 특히 중림 동 주변 건물 밑 같은 데, 아니면 으슥한 골목길들에 진을 치고 앉아가지고 심 지어는 술파티, 그 자리에서 코펠같은 것을 갖다가 라면까지 끓여먹으면서 간 이생활을 하고, 그런 식으로 굉장히 늘고 있습니다." (중구의회 1999.9.10.)

"노숙금지구역에서도 노숙을 하고 있는 실정입니다. 저희들이 6명이 2 개조로 주야 24시간 근무를 하고 있는데요. 시민들에게 굉장히 불편을 주 고 있습니다. 서울시에서는 악성 알콜 중독자 등은 수용을 하려고 했더니 시 민단체에서 인권유린이다 해서 반대해서 못하게 되어 있습니다." (중구의회 2002.3.6.)

노숙자 문제가 심각해지면서 지역주민들의 민원이 급증하자, 1999년 서 울역 주변 지하도 5곳과 서소문공원 등을 노숙자 금지 구역으로 지정하였 다.[31] 그런데도 노숙자 문제가 지속되자 종교 단체와 민간 단체의 도움으로 노숙자 천막, 무허가 건축물을 모두 철거하고 노숙자들은 공공시설로 안내 하였다. 하지만 그 후에도 노숙자들은 금지된 공원 주변으로 이동하여 여전

히 공원 근처를 배회하며 숙식을 해결하고 공원화장실을 계속해서 활용하였다. 그리고 지금도 서소문공원 일대에는 여전히 노숙자가 공원의 뒷자리를 차지하고 있다.

서소문역사공원으로

2010년대에 들어서 서소문공원은 서소문역사공원으로 변신을 꾀한다. 공원의 변화는 2011년 7월 천주교 서울대교구에서 서소문공원을 천주교 순교성지로 조성할 것을 중구청에 제안하면서 시작되었다. 문화체육관광부와

서울시의 행정 및 예산 지원을 받아 기존 서소문공원은 서소문역사공원으로 재조성공사가 시작된다. 사업추진 초반에는 비슷한 시기에 추진되던 서울역 컨벤션센터, 중구 1동 1명소 정책과 연계, 전담본부를 조직하여32) 적극적으로 추진되었다. 당초에는 2011년 7월부터 공사를 시작하여 2016년 12월까지를 완료하는 것으로 계획하였다. 그러나 서소문공원은 국유지로 기획재정부와 국토해양부의 소유이기 때문에 토지활용변경에 대한 문제, 기존의 지하주차장과 시설물 위탁 문제, 예산확보 문제로 지연되어 처음 예상보다 늦어진 2019년에서야 공사를 완료하고 새롭게 단장한 모습을 공개하였다.

다른 공원보다 긴 시간에 걸쳐 추진된 사업이니 시간의 흐름 순으로 살

서소문공원의 구석구석

펴보자. 서소문역사공원 재조성사업 초기인 2011년 12월에는 '조선시대 서울 한양도성 서소문과 천주교 박해'를 주제로 서소문공원을 주제로 한 학술 심포지엄이 개최되었다. 2012년에는 전문가 자문위원회를 구성하고 시민 아이디어 공모를 시행하였으며, 국회의원 42인 및 서울시의원 61인의 도시관리계획 변경 조치 및 조성사업비 분담지원금 지지 청원을 제출하기도 하였다. 2013년 4월에는 서울특별시의회 서소문 역사공원 조성 특별위원회가 구성되었고, 7월에는 『서소문 밖 역사유적지 관광자원화 사업계획』이 수립되었다. 계획수립 내용을 바탕으로 2014년 도시관리계획을 변경하였는데, 기존 근린공원에서 역사공원으로 도시공원유형 세분을 변경하고 공원경계를 철도 연접부까지 확장하였으며 주차장을 축소하여 면적을 확보하는 것이 주요 내용이었다. 2014년 6월 설계경기공모를 통해 당선자가 선정되었고, 2015년 11월에 기본설계 건설기술심의가 통과되어 2016년 2월에 착공식을 하였다.

2014년 8월에는 방한한 프란치스코 교황(Pope Francis)이 서소문을 찾아 참배하고 현양탑 앞에서 순교자 넋을 기리는 행사도 진행되었다. 교황방한은 매우 의미 있는 행사여서 이를 위해 일시적으로 보도블록, 초화류 및 지피식물 식재 등 공원환경이 임시 정비되었다. 2016년에도 프랑스 주교단이 방한 일정 중에 서소문공원을 방문하였다. 이러한 천주교 행사는 서소문역사공원을 국가관광문화자원으로 인식하게 하는 데 큰 영향을 주었다. 2018년 9월에는 아시아 최초의 교황청 공식 순례지로 3개 코스가 지정되었는데, 서소문공원도 2코스에 포함되었다. 이후 몇 년의 공사를 거쳐 2019년 6월 서소문역사공원이 개원하였다.

8년이라는 긴 시간과 600억 원의 예산이 투입된 서소문공원의 공사가 당초보다 늦어진 것은 크게 몇 개의 이유로 정리할 수 있다. 우선, 서소문공원은 공원녹지법의 공원면적 기준에 따르면 자치구에서 관리하는 공원에 해당하는 도시계획시설상 공원부지이다. 자치구 내 근린공원의 재산 관리는 자치구의 사무인 까닭에 해당 자치구 예산 외 다른 예산으로 공원을 운용하는 데에는 어려움이 있다. 이에 서소문역사공원의 경우, 서울시의회 특별위원회가 조직되어 관광정책과가 주무부서로 결정되었다. 두 번째로 공원부지인 토지는 국유지이고, 지상은 공원으로 지하는 재활용센터와 주차장으로 조성되어 있었다. 이런 상황에서 사업 초반 토지사용에 대한 승인을 얻는 데 많은 시간이 소요되었다. 셋째로는 행정부과 중구의회의 의사소통 문제로 인해 예산조달이 지연되었다. 서소문공원은 중구의 구유재산으로 구의회의 동의절차가 필요하다. 이 과정에서 중구의회와 행정부의 갈등이 1년 정도 지속되어 예산 편성 및 집행이 수월하지 않았다. 2016년 12월 구의회

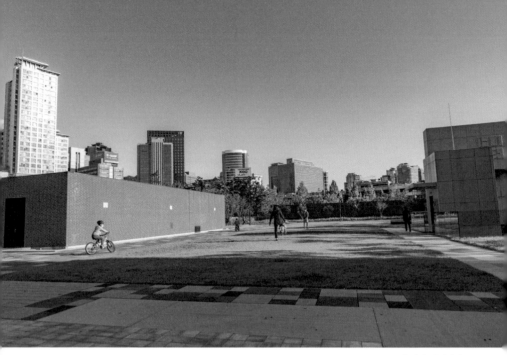

구유재산 관리계획 승인이 부결되면서 2017년 예산이 전액 삭감되었으나, 7차례 회의 끝에 2018년 승인되었다. 또한 그 과정에서 5개월에 걸친 행정사무조사가 진행되었다. 마지막으로는 2017년 건설경기 모래 파동으로 레미콘 등 재료수급이 원활하지 않았던 것도 여러 이유 중 하나이다.

서소문역사공원 조성사업은 오랜 기간 동안 다양한 공공기관의 대규모 예산이 투입되는 사업임에도 불구하고 그 과정이 체계적이지 않아 진행이 순탄치 않았다. 사업 초기에는 담당부서가 있었으나, 사업의 장기화로 중구 내부에서도 서소문공원의 지상과 지하를 총괄하는 별도 부서없이 진행되는 상황이 되었고, 결국 전과정을 책임지는 담당부서의 부재로 이어졌다. 매년

조직개편 등으로 인해 처음에는 도시디자인과에서 사업을 담당하다가 도시재생과, 건축과로 계속해서 담당부서가 변경되었다. 또한 도시재생과, 건축과, 공원녹지과, 문화관광과 등 다양한 부서가 각각 해당하는 업무만 나눠 담당하고 있었다. 기존 공원부지에 재조성되는 사업인 만큼 사업 초기부터 지상과 지하에 대한 체계적인 접근을 위한 총괄전담부서가 필요했는데도 현실적인 한계로 그렇게 하지 못하였다. 또한, 처음부터 천주교의 제안으로 시작된 사업으로 태생적인 한계가 있었다. 국가, 서울시, 중구의 예산을 사용하여 진행되었으나 의사결정의 주체가 다른 공원 조성 과정과는 달랐다. 이 부분에 대해서는 그간 전문가들의 많은 지적이 있었기에 논란이 있던 부분의 언급은 최소화하고 진행과정 위주로 정리해 보았다.

그럼, 서소문공원의 진짜 공원인 지상부에 초점을 맞춰 보자. 현재 서소문공원의 녹지는 식재 등 조경요소를 활용한 공원으로 조성되어 있다. 하지만 곳곳에 천주교와 관련된 시설물이 배치되어 있고 공원 내 동선이 단순하여, 일반이용객의 자유로운 이용이 어렵다. 또한, 일반적인 공원과 다른 공원시설과 구성으로 내부에는 앉거나 머무를 곳이 매우 부족하다. 일반 이용객에 대한 깊은 고려없이 조성된 것 같아서 많은 아쉬움이 남는다. 옥상공원 같은 느낌이랄까? 실제로 준공 후 식재되어 있는 상부 공원으로 인해 지하층의 누수에 대한 대처 등 유지·관리 측면에서 문제점이 나타나고 있다.

예전의 상부 공원은 물론, 하부에 있는 재활용센터나 주차장 역시 시민

178   사람이 모이는 그 곳, 서소문공원

들의 위한 시설로, 성격은 다르지만 공공을 위해 공존하였다. 상부 공원은 오랜 세월만큼이나 녹음이 가득하고 지역 주민들이 좋아하는 유실수와 초화류가 많았던 공원이었다. 하지만 지금 공원은 명소 역할에 너무 집중하여 지역주민 등 이용자를 배려한 공간조성은 미흡하지 않나 하는 생각이 든다. 서소문공원 외에도 우리는 공원부지에 주차장, 공공기관 등 다양한 시설이 들어와 있는 경우를 쉽게 찾아볼 수 있다. 어떤 시설이 공원과 공존하든 공원녹지의 많은 부분은 시민을 위한 공간으로 조성하고 공공공간으로 활용될 수 있도록 모두에게 내어 주어야 하는 것이 올바른 방향일 것이다.

함께 풀어야 할 과제

몇몇 종교단체 관련 공원들과 마찬가지로 서소문공원도 천주교 연관 사업으로 많은 논란이 있다. 이러한 논란은 역사공원조성계획이 발표된 시점부터 계속적으로 이어지고 있다. 먼저, 천주교 순교성지를 조성하게 된 계기를 살펴보자. 1801년 신유박해부터 1866년 병인박해까지 서소문공원 자리에 있었던 형장에서 약 100여 명의 천주교인이 처형되었다. 이러한 역사적 사실을 바탕으로 1984년 103위 시성식[33]을 계기로 천주교 서울대교구는 이곳이 성지임을 알리기 위해 공원 안에 순교자 현양탑을 건립한다. 이후 현양탑은 서소문공원에 변화가 있을 때마다 이전과 재건립을 거쳐 현재의 자리에 있게 된다. 2009년에 서소문공원 근처의 중림동 약현성당에도 서소문 순교성지 전시관이 개관하였다. 1892년에 건축된 한국 최초의 성당인 약현성당과 서소문공원의 현양탑은 천주교 성지순례의 주요 성지이다. 천주교 입장에서는 중요한 의미가 있는 장소임이 틀림없다.

2011년 서소문역사공원이 추진된다는 것이 언론보도 등을 통해 알려지자 천주교 성당을 짓기 위해 세금을 쓰는 것에 대한 문제부터 천주교만을 위한 성지가 아닌 조선 후기 역사를 담아 달라는 제안까지 여러 민원이 발생하였다. 이런 움직임은 천도교, 동학 등을 중심으로 구성된 '서소문역사공원 바로 세우기 범국민대책위원회'로 조직되었고 이를 통해 서소문공원이 천주교 중심으로 조성되는 것에 대한 반대의견을 제시하였다. 학계 전문가들도 공원의 당위성, 서소문과의 연관성 등에 관해 많은 의문을 제기하였다.[34]

2011년 7월 천주교의 제안을 시작으로 2012년 3월 중구청과 천주교 서울대교구와의 협약 체결, 천주교인들의 특별헌금과 역사공원 조성 청원 제출, 2014년 교황 방문 등으로 서소문공원 조성사업이 천주교에 초점이 맞춰지자 이에 대한 논란은 점차 가중되었다. 이런 상황에서 2016년 2월 천주교 추기경의 조성공사 기공식 참석은 종교 편향적 사업에 대한 비판과 반발을 증폭시켰다. 진행 과정도 순탄하지 않았다. 서울시 중구의회는 중구청이 '서소문 밖 역사유적지 관광자원화사업'을 추진하면서 의회의 의결을 거치지 않고 예산을 지출한 것에 대한 절차상 하자를 문제 삼아 원인무효를 이유로 2016년 12월 감사원에 감사를 청구하였고, 2017년 6월 구유재산관리 계획안이 부결되어 사업이 중단 위기에 놓이기도 하였다. 이에 천주교 서울대교구는 대대적으로 공사촉구 서명운동(16만여 명)을 펼쳤다. 감사 결과 '이해관계자를 포함하는 공동추진자문위원회 구성, 특정 종교에 편향되지 않는 역사적 가치를 담아내는 공간 조성, 특정 종교로의 운영위탁 지양 및 전문기관이나 단체에 의한 위탁 관리'를 사업진행 전제조건으로 제시한다. 이에 대해 중구는 종교 편향적인 사업이 아니라는 해명과 함께 전제조건을 수용하기로 하고 공원조성사업을 계속 진행하였다.

서소문공원의 구석구석

서소문역사공원 재조성공사가 마무리되어 갈 때쯤인 2018년 1월, 중구청에서는 서소문 밖 역사유적지 관광사업화 사업 관리운영계획을 수립한다. 공원관리는 공원녹지과 직영으로, 문화집회시설과 부설주차장은 위탁 운영(문화관광과 담당)하기로 결정하고 관리운영업체를 공개모집하였다. 하지만 1개 업체만 응찰하여 2번이나 유찰되었다. 결국 민간위탁심의위원회 심의를 통해 서소문성지역사박물관은 2018년 6월 천주교유지재단 서울대교구에서 위탁 운영하기로 결정되었다. 계약 이후 내부시설 준비를 거쳐[35] 2019년 5월 25일 '서소문 순교성지 역사박물관' 개관식을 개최하였다. 역사박물관이 있는 실내에는 역사박물관 전시실과 기념경당이 있는데, 박물관 조성 과정에서 많은 논란이 있었던 만큼 개관 후에는 천주교뿐만 아니라 조선 후기 사회·문화와 서소문 칠패시장과 관련된 박물관 자료도 이곳에서 함께 전시하고 있다. 또한, 다양한 분야의 전시도 기획, 운영되고 있다.

하지만, 서소문역사공원이 종교 편향적인 공원이라는 논란은 여전히 진행 중이다. 예컨대 2020년 1월 시민단체인 종교투명성센터가 '종교문화시설의 현주소 – 서소문역사공원의 경우'라는 주제로 종교와 재정 좌담회를 개최하여 서소문역사공원의 문제점을 지적하고, 특정 집단이 '역사공원'이라는 제도를 오남용하여 공공공간인 공원을 독점하는 것을 비판하였다. 물론 이러한 문제는 서소문공원에만 해당하는 것은 아니다. 공공공간인 공원은 모든 시민에게 열린 공간이어야 하는데도, 역사적인 배경이나 공원부지 매입 예산 부족 등의 이유로 천주교, 불교, 기독교 등의 종교시설을 포함하고 있는 경우가 꽤 많다. 역사문화적 의미를 가진 공원에 대해 심층적인 연구가 필요한 시점이다.

공원의 성향에 대한 논란은 잠시 접어 두더라도 또다른 문제도 생각해 봐야 한다. 2005년 전면 개정된 공원녹지법으로 생긴 '역사공원' 유형은 시설면적, 녹지율 등에 제약규정이 없어서 얼마든지 시설을 추가하거나 개발할 수 있다. 최악의 경우, 공원은 도시계획시설상 단지 용지의 용도에 불과한 서류상의 글자로만 남을 수도 있다. 많은 전문가가 지속해서 이 문제를 지적하고 있는 만큼 이에 대한 제도 정비 등 대안 마련이 필요해 보인다.

공원이 개원한 지 조금 시간이 흐른 지금, 공원을 이용하는 사람들은 서소문역사공원을 어떤 공원으로 인식하고 있는지, 서소문역사공원이 과연 '공원'의 역할을 하는 공간인지 깊게 생각해 봐야 한다. 일반적인 공원과는 다른 종교적인 성격을 가진 공원을 어떻게 이해할지도 고민해 봐야 한다. 이 외에도 서소문공원은 그간의 조성 과정에서 토지소유, 예산집행, 유지·관리 등 다양한 이해관계주체가 얽혀 있기 때문에 앞으로도 공원답게 유지하기 위해서는 많은 갈등이 있을 것으로 예상된다. 난 그저 이런저런 변화 속에서도 공원녹지가 잘 지켜지길 바랄 뿐이다

사람이 모이는 그 곳, 서소문공원

185

4장. 토지개발로 태어난 공원

서울 최초의 도시숲공원, 양재시민의숲

- 공원위치 : 서울시 서초구 매헌로 99
- 공원면적 : 258,991.5 ㎡
- 지정연도 : 1983년 7월 6일
- 조성연도 : 1986년 11월 30일

토지구획정리사업으로 생겨난 공원

참 이상한 곳이다. 간간히 들리는 풀벌레와 새들이 지저귀는 소리, 바람에 나뭇잎들이 스치는 소리가 합주를 하는 가운데, 빠르게 지나가는 자동차 소리가 베이스 역할을 한다. 이상하게도 안 어울릴 것 같은 자연의 소리와 도시의 대표적인 소음인 자동차 소리가 자연스럽게 잘 어울린다.

어릴 적 뛰놀던 넓은 잔디밭은 어느새 숲이 되었다. 왜소하던 나무들은 나무줄기 사이사이로 보이는 도로의 자동차가 신경쓰이지 않을 정도로 성장하였고 쭉 뻗은 나뭇가지는 하늘이 안 보일 정도로 풍성해서 나무터널을 이루고 있다. 30년 넘게 울창하게 자란 나무 사이를 가만히 거닐고 있으면 깊은 숲 속 한가운데에 있는 것 같은데, 살짝 고개만 돌려도 자동차가 줄을 지어 잠시도 쉬지 않고 쌩쌩 지나가는 광경이 보인다. 도시 안의 푸른 오아시스다. 여긴 그런 공원이다.

놀이터와 수변공간

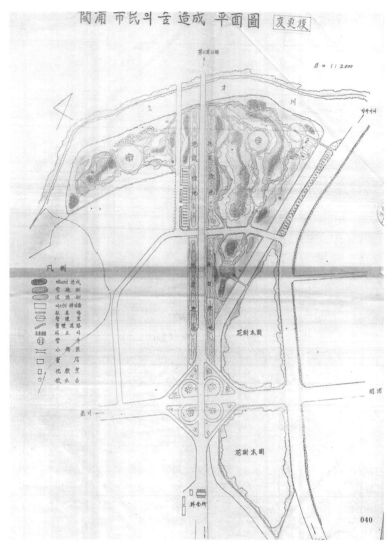

1984년 시민의숲 조성계획 평면도 ©서울기록원

1980년대는 86아시안게임과 88서울올림픽이라는 세계대회를 앞두고 서울의 환경개선사업이 적극적으로 추진되던 시기였다. 이러한 배경에서 서울대공원(1984), 보라매공원(1986), 올림픽공원(1988)이 조성되었으며, 난지도 쓰레기매립장 복토 및 주변 녹지조성 사업도 진행되었다. 이 밖에도 뚝섬유원지 개발과 도시숲 조성에 대한 의견이 검토되는 등 서울시 도시경관을 챙기는 정책들이 시행되었다. 이러한 사회 분위기 속에서 서울 진입부에 대규모 도시경관을 조성하라는 대통령 지시로 양재시민의숲은 1986년에 조성되었다. 1967년 4월 건설된 경부고속도로의 서울 관문인 양재IC 주변에 수림대를 조성하기 위해서 개포택지개발사업과 함께 공원화 사업이 추진되었다. 개포토지구획 정리사업지구 내 6.2만여 평에 '후손들에게 물려줄 울창하고 광대한 시민의숲' 조성이 결정된 것이다. 이런 배경에서 1982년 2월부터 1988년 말까지 649만m² 면적에 진행된 개포택지개발사업과 함께 양재시민의숲이 태어났다. 문서 기록에 의하면, 해외 공원 사례와 비교하여 100ha, 즉 30만 평 이상의 대형공원 조성이 가능하고, 도시 외곽이 아닌 도심권 중에서 현재 숲이 없는 곳을 부지 선정 주요 요건으로 언급하고 있다.

1980년 전후는 강남 일대가 다 공사 중이라고 해도 과언이 아닐 정도로 택지개발이 한창이었고, 대부분은 '조속한 공사추진'에 방점을 두고 있었다. 개포택지개발사업 관련 공공기록물을 살펴보던 중 재미난 문서를 하나 발견했다. 개포토지구획정리 사업지구에 있는 오래된 나무 3주를 존치하도록 지시한 공문이다. 포이동의 200년생 은행나무, 개포동의 200년생 은행나무, 600년생 향나무 3주가 그 대상이었는데, 두 은행나무는 공원 및 학교가 들어설 부지에 있어서 고목을 존치하는데 큰 문제가 없었으나 향나무는 계

1983년 지시된 오래된 수목보존 위치도 ⓒ국가기록원

획 중인 간선도로망 위에 있어서 대책 마련이 필요했다. 이에 중앙녹지대 신설하여 녹지대 폭을 늘리고, 도로와 주거지경계선을 조정하여 원형대로 향나무을 보존하였다. 도로 한가운데에 나무를 홀로 남긴 것을 보면 생태적인 측면을 고려했다기보다는 오래된 나무가수호신처럼 여겨지는 동양사상의 영향이지 않았을까. 당시 존치된 3그루의 나무는 현재 보호수로 지정되어 관리되고 있다. 특히, 포이동의 은행나무는 달터근린공원의 보호수 쉼터에서 그 모습을 뽐내고 있다. 반면, 향나무는 빠른 속도로 지나가는 자동차 사이에서 끝나지 않는 외로운 싸움을 이어가고 있다.

노거수

● 종 : 은행나무
● 고유번호 : 노거수2호
● 나 이 : 약270년
● 수 : 22M
● 직경둘레 : 4.0M
● 소 재 지 : 서울특별시 1268번지
● 관리책임자 : 개포4동장

달터근린공원 보호수 쉼터에 자리한 포이동 은행나무

시민의숲은 국가 주도의 정책사업으로 공원조성이 매우 순조롭게 진행되었다. 1983년 8월 착공하여 23억 원 예산으로 259,248㎡ 면적에 32종의 식물 식재 및 시설을 조성하여 1986년 11월 30일 준공되었다. 1987년 4월 27일(건설부 고시 146) 도시계획시설(공원)로 결정되었으며, 1988년 1월 1일 개장하였다.

공원조성 초기 문서를 잠깐 살펴보자. 1982년 12월 20일 서울시에 전달된 조경사업계획 문서에는 총 327,700평 면적에 녹지광장, 화훼·수목원, 근린공원 등에 대한 계획면적과 방법이 제시되어 있다. 사업비 예산을 절감하기 위해 공원의 성토는 지하철 공사 등에서 나온 잔토를 이용하고, 수목식재는 시민의 헌수로 해결하며, 부대시설 및 화훼·수목원은 민자로 유치한다고 매우 구체적으로 기재되어 있다. 조성과정 중에 존재시설물과 토사부족 등의 작은 문제들이 있었으나 대통령과 서울시장의 지시로 발 빠르게 해결되어 예정 준공일보다 빨리 공사가 마무리되었다.

구획정리사업 완료 후, 시민의숲은 1991년 10월 10일 서초구 소유로 이전된다. 서초구에서는 새로 조성된 대형공원에 지속적으로 예산을 투입하여 공원을 관리하였다. 서초구의회 자료를 살펴보면, 제1, 2지역에 1989년부터 1993년까지 5억 7,900만 원을 투입하여 식재와 시설(음수대, 야외무대, 공원등, 의자, 그늘막)을 신설하거나 보수하였고, 제3지역에는 1992년부터 3개년 계획으로 26억 2,000만 원을 투입하여 서초문화예술공원을 조성하였다. 서울시 예산으로 조성된 1, 2구역과 달리 3구역인 서초문화예술공원에는 서초구 예산으로 조각공원, 야외공연장, 메타세쿼이아길, 놀이마당 등을 조성하였다. 이와 관련한 사항은 시민의숲 소유권 갈등과 함께 뒤에서 다시 얘기해보자.

시민을 위한 시민의숲

처음에는 외부인을 위한 서울 경계부 경관 조성이라는 정책적 의도로 출발하였지만, 그 덕에 시민들은 도시개발 속에서도 넓은 공원을 온전히 누릴 수 있게 되었다. 공원은 조성된 뒤, 평일, 주말 할 것 없이 즐겨 찾는 사람들로 이용객이 점차 증가하였다. 1992년 말 공원이용실태조사에 따르면 성수기에는 평일 9,000명, 휴일에는 2만 명, 비성수기에는 매일 900명에서 많을 때는 3,000명 정도가 이용하는 것으로 조사되었다. 최근에는 하루에 4,000~5,000여 명이 이용하는 것으로 파악된다.

양재시민의숲은 우리나라 최초로 숲 개념을 도입한 공원으로, 느티나무, 단풍나무, 감나무, 모과나무 등 다양한 나무가 심어져 있다. 개발 전 강

매헌 윤봉길 기념관

남 일대가 다 그러했듯이 이 지역도 논과 밭으로 이용되던 평탄한 지형의 습지대였기 때문에 성토를 통해 공원을 조성하였다. 이는 수목 생장에 영향을 주어 조성 초기에는 수목이 쉽게 자리 잡기 힘든 환경이었다. 시민의숲 조성 초기에 연구된 이경재 외 3인(1990)의 시민의숲 설문조사 결과를 보면, 숲으로 느끼지 못함이 86%로 나타난다. 그 이유는 나무성장 부족 62%, 양적 부족 17%로 조사되었는데, 이를 통해 공원조성 초기에는 아직 수목이 자리잡지 못했던 것을 알 수 있다. 이후 수목관리를 통해 오히려 생육경쟁이 우려되는 상황이 되어 1997년에는 잣나무, 칠엽수, 중국단풍 등 620주를 보라매공원과 여의도공원으로 이식하였다. 지금 우리가 시민의숲에서 많은 나무의 푸르름을 느낄 수 있는 것도 유지관리가 잘 된 덕분이다.

양재대로에서 시민의숲에 들어서면 제일 먼저 매헌로 길에 자리한 윤봉길의사기념관이 보인다. 기념관은 기념사업회 기금으로 건축하였으며, 서초구로 1989년에 기부채납되었다. 2000년대에는 시민의숲 소유 논란 속에 윤봉길의사기념관의 유지·관리 비용에 대한 논란이 있기도 하였으나, 관리 주체가 국가보훈처로 지정되면서 현재는 기념관과 동상의 관리가 잘 이루어지고 있다.

공원 중심부에 윤봉길의사기념관이 있다 보니 공원명을 매헌공원으로 변경해 달라는 지속적인 요구가 있다. 공원조성계획 당시 시민의숲의 행정상 명칭은 개포19공원이었다. 하지만 대부분의 공식적인 문서나 언론에서는 개포시민의숲 또는 양재시민의숲을 가칭으로 사용하였으며, 공원 준공과 함께 자연스레 정식 명칭으로 사용된 것으로 보인다. 이러한 이유로 가칭으로 사용하던 시민의숲이 아닌 매헌공원 또는 윤봉길공원으로 공원명을 변경하자는 의견도 일부 있었다. 하지만 이런저런 사유로 거절되어 우리는

야외 바비큐장과 캠핑장

여전히 익숙한 이름인 시민의숲으로 계속 부르고 있다.

　숲 속 같은 공원 안으로 조금 더 걸어 들어가면 야외예식장이 있다. 서울시 공원의 야외예식장은 1980년대 후반부터 시민들에게 개방, 이용되어 왔다. 시민의숲 내에도 야외예식장이 있었으나 여러 가지 불편한 시설로 인해 큰 주목을 받지 못하였다. 이에 1994년에 용산공원 등 다른 공원의 야외결혼식장과 함께 시설을 개선하였다. 그늘시렁, 정자, 탁자, 의자, 장식용 수목 식재 등 공간을 새로 조성하고 신청자에게 무료로 제공하면서 조금씩 이용이 증가하였다. 2013년에는 노후한 주례 단상, 행진로, 신부 대기실, 바닥포장 등의 시설물을 정비하여 재개장하였으며, 2018년에는 그간 지적되었던 운영상의 문제점을 개선하여 '작은 결혼식장'으로 개편해 운영하고 있다.

　　결혼식 외에도 시민의숲은 시민들과 함께하는 크고 작은 다양한 축제가 열리는 공원이기도 하다. 생태체험, 문화행사 등 공원 내에서 이뤄지는 계절별 프로그램뿐만 아니라, 외부행사도 자주 진행된다. 대표적인 것으로 주말에 이뤄지는 숲체험 프로그램과 봄, 가을에 열리는 음악축제가 있다. 또한 시민들의 재능나눔 활동을 위해 선발된 '시민의숲 친구들'은 자연을 주제로 한 프로그램을 진행한다. 그 외에도 양재시민의숲은 사진을 좋아하는 사람들의 출사 장소이자 화보촬영 장소로 알려져있으며, 코스프레 장소로도 유명하여 주말마다 다양한 종류의 캐릭터 옷차림을 한 친구들을 만날 수 있다.

　　시민의숲이 많은 사랑을 받는 것은 비단 공원 때문만은 아닐 것이다. 시

시민의숲을 감싸는 여의천

민의숲 주변에는 공원을 둘러싸고 양재천과 여의천이 흐르고 있다. 생태하천과 카페거리로 유명한 양재천은 시민의숲과 따로 생각할 수 없다. 양재천은 관악산에서 발원하여 과천을 통과한 후 탄천과 합류하여[36] 한강으로 유입된다. 개포지구 토지구획정리사업 당시 치수 목적이 강조된 직강화 콘크리트제방이 건설되고 오염이 심해져서 한때는 물고기가 살 수 없는 5급수 하천이었다. 이후 1994년 양재천 종합정비 기본 및 실시설계 용역이 추진되고 이를 바탕으로 콘크리트 호안을 걷어내고 자연복원을 위한 생태하천조성사업이 진행되었는데, 이는 도심 하천으로는 최초로 자연형 하천공법을 적용한 사례였다. 양재천 생태하천 조성사업과 함께 시민의숲 하수구나 어린이놀이터의 배수 문제를 개선하는 사업도 추진되었다. 양재천은 생태하천 조성공사 이후 지속적인 관리를 통해 생태복원에 성공하였으며, 우수사례로 다른 하천에도 많은 영향을 주었다. 하천이 살아나면서 2000년대 초반부터 양재천변을 따라 카페거리가 조성되고 양재천을 이용하는 사람이 점차 늘어났다. 이와 함께 시민의숲을 이용하는 사람도 더욱 증가하였다.

단절된 서초문화예술공원

양재시민의숲은 철재 담장으로 둘러싸여 있지만 입구가 여러 곳에 있어서 접근이 용이한 편이다. 계획된 입구가 아닌 곳에도 사람들이 많이 지나다니면서 중간중간 자연스럽게 길이 만들어져 있다. 이렇게 사람들이 오가며 만들어 낸 진입로는 큰길에서 쉽게 공원으로 스며들어 가게 해 준다.

단 하나, 공원을 단절하는 경부고속도로는 너무나 큰 문제이다. 시민의숲은 개포지구 토지구획정리사업 당시 경부고속도로변 3필지로 지정·추진되었다. 고속도로 중심으로 인접한 3개의 토지이기는 하지만 분절되어 있으므로 각각를 하나의 공원으로 본다면 메인공원과 3개로 쪼개진 주변공원으로 볼 수 있을 것 같다.

여의천을 따라 있는 두 개의 피자 모양의 공원이 시민의숲인 것은 대부분 잘 알고 있다. 하지만 조각난 공원 중 정말 다른 별도의 공원처럼 인식되는 곳이 있다. 양재천과 TheK호텔 사이에 있는 서초문화예술공원은 경부고속도로로 인해 시민의숲과 다른 공원으로 인식된다. 많은 지역주민도 서초문화예술공원을 별도의 공원으로 생각하고 있다. 공원관리 주체가 공원녹지사업소와 서초구로 나눠져서 그럴 수도 있다. 고속도로로 단절되어 있지만 서초문화예술공원도 시민의숲의 한 조각이다. 시민의숲 제3구역인 서초문화예술공원은 1994년 5월에 완공되었다.

또한, 서초문화예술공원 맞은편에는 어린이교통안전교육장이 있다. 어린이 교통사고 예방을 위해 라이온스클럽이 서초구로부터 6천㎡를 제공받아 여러 기업의 후원으로 6억원의 예산을 들여 조성한 곳이다.[37] 2002년 준공직후부터 자원봉사자들이 아이들 안전교육을 무료로 실시하고 있으며, 2008년부터는 자전거 안전교육도 실시하고 있다. 이곳 또한 시민의숲에 포함된다.

잠깐 공원 구석구석을 살펴보자. 서초문화예술공원은 양재천을 통해 쉽게 접근이 가능하다 보니 가족 단위의 방문도 많고, 대중교통을 이용하기 위해 공원을 통과하는 사람들의 통행로로 이용되기도 한다. 예전에는 우면동쪽에서 양재천을 건너 넘어오는 무지개다리가 있어서 지역주민들이 자주 애용하였으나 지금은 찾을 수 없다. 주민과 인터뷰를 진행할 때마다 주민들의 기억에서 재현된 손그림과 구술에서 종종 언급되고, 공원 표지판에도 여전히 남아 있다. 예전에 지나갔던 기억을 더듬어 무지개다리를 찾아보려고 표지판 근처에서 어슬렁거리는 나를 보고 지나가던 주민은 상기된 목소리로 "그 무지개다리 없어졌어요!"라고 전해 주시고는 가던 걸음을 다시 재촉한다. 무지개다리는 지역주민과 공원을 이어주는 다리이자 양재천을 시원하게 볼 수 있는 지점으로 얼마 전 까지만해도 무지개다리는 공원으로 들어오는 진입로이자 랜드마크였다. 하지만, 이 글을 쓰는 현재 양재천 우안도로 건설로 무지개다리는 사라지고 그 일대는 공사중이다.

서초문화예술공원은 외부사람들의 방문이 많고 행사가 많이 진행되는 시민의숲 메인공원과는 조금 다른 분위기다. 서초문화예술공원 주변에는 몇 개의 연구원과 주택단지가 자리하고 있다. 주로 직장인들과 주민들, 어린

자연스럽게 길이 되어버린 산책로

서초문화예술공원의 조각품

아이들이 공원을 이용한다. 시민의숲 중심부보다 조금 더 근린생활 공원에 가까운 느낌이 든다. 공원 안에 들어서면 중앙에 큰 광장이 있고 가운데에 원두막과 텃밭이 있는데, '힐링텃밭'이라고 안내판을 붙여 놨다. 2000년대에는 중앙광장에 투수콘 바닥의 스케이트장이 있어 동네 아이들이 자주 이용하였다. 하지만 2016년쯤 진행된 공사로 롤러스케이트장이 없어지고 양재천이 잘 조성되면서 스케이트보드와 롤러스케이트의 주 이용공간은 양재천으로 옮겨졌다. 광장의 변신이 과연 공원 수요를 고려한 것인지 아쉬움이 남는다.

공원 내에는 아이들을 위한 공간인 유아숲체험장도 조성되어 있다. 놀이숲, 만남숲, 생각숲으로 나뉘어 있는데 인근 유치원과 어린이집에서도 자주 이용한다. 특히 놀이숲은 모래사장이 있어서 아이들에게 인기가 많아 주

울창한 녹음

말에도 늘 북적북적하다. 또 다른 명소도 있다. SNS에서도 핫플레이스로 손 꼽히는 사색의 길이다. 최근 <동백꽃 필 무렵>이라는 드라마 촬영장소로 나 오며 더욱 유명해졌다. 인기 있는 메타세쿼이아가 쭉 줄지어 늘어서 있는 사 색의 길은 공원보다 더 유명하다. 오래되어 하늘로 쭉쭉 뻗어 끝이 안 보이 는 나무 사이를 걸으며 휴식을 취하고, 그런 장소를 힐링스팟이라 부르며 자 연을 찾는 마음은 사람의 본능인가보다.

앞에서 꺼냈던 공원녹지의 단절에 대한 이야기를 마무리해볼까 한다. 시민의숲의 시작이 생태환경조성이 아닌 서울로 들어오는 관문인 경부고속 도로 주위의 경관을 개선하기 위해 시작된 사업이었다고 해도, 몇십 년이 지 난 지금까지 경부고속도로로 공원이 나뉘어 있다는 것은 너무나 슬픈 일이

메타세콰이아가 쭉 뻗은 자색의 길

다. 공원의 관리 주체가 달라서 그런 걸까. 공원을 이용하는 사람 중에는 1, 2구역만 시민의숲으로 알고 3구역에 해당하는 서초문화예술공원은 별도의 공원으로 아는 사람도 꽤 많다. 바로 옆에 있는데도 고속도로라는 큰 장벽으로 막혀 있는 모습은 단순히 물리적인 단절 요소로 생각하고 넘길 일은 아니다. 녹지와 사람을 연결하기 위한 새로운 시도가 필요한 이유다. 현재는 양재천과 매헌로가 아니면 조각난 공원과 공원 사이를 이동할 수 없다.

시민의숲을 방문할 때마다 쪼개진 공원과 양재천을 오가면서 계속 살펴본다. 고속도로 하부에 구멍을 만들거나 상부를 연결해서 지나가게 할 곳은 없을까? 어디든 단절된 공원의 생태녹지를 연결하고, 다람쥐, 청솔모와 같은 작은 친구들이 오갈 곳이 있으면 좋을 것 같은 아쉬움이 남는다. 양재천, 여의천과도 더 적극적으로 연결되었으면 좋겠다. 공원에 갈 때마다 한참을 둘러봐도 연결을 상상할 만한 마땅한 장소가 보이지 않는다. 어떻게든 녹지를 연결할 방안을 찾고 싶다. 지척에 있는 녹지이지만, 도로로 이미 몇십 년 동안 단절된 녹지를 연결할 적절한 방법을 찾기는 쉽지 않다. 최근에는 이용자 수요를 중심으로 한 연구와 정책이 많이 이뤄지고 있다. 대형공원이지만 쪼개지고 단절되어 버린 시민의숲. 항공사진에서만 연결되어 보이는 녹지가 아니라, 진짜로 연결되어 사람도 동물도 모두 도시녹지를 누릴 수 있는 날이 곧 오길 바란다.

유보지로 인식되는 공원

공원은 공유재이기 때문에 쉽게 점유하고 사용해도 괜찮은 걸까? 시민
의숲은 끊임없이 도심의 녹지 대신 개발을 원하는 압력에 시달렸다. 그 중
몇 가지만 살펴보자.

공원조성사업이 완료된 후 1987년 6월 국토부는 운영 중인 건설회관 전
시장의 확장 이전을 위해 서울시에 공문을 보낸다. 주택건설 붐과 맞물려 건
축 관련 산업과 기술, 자재를 종합적으로 전시할 공간이 필요한데 이를 설치
할 최적의 장소로 양재동 '시민의숲'이나 '수목원' 용지가 고려되므로 이 두
곳을 주택공원으로 활용할 수 있게 해달라는 내용이었다. 이에 대한 서울시
의 답변은 지원 불가였다. 시민의숲은 이미 공원조성사업이 완료되었고 수
목원 부지 또한 매각업무가 진행 중이어서 사용할 수 없다는 답변이었다.

아마 그때 허가되었다면 지금은 어떤 모습이었을까? 명칭은 주택공원이
었을지 모르나, 아마도 지금 공원의 모습과는 많이 다른 모습이 되었을 것이
다. 혹은 지금의 공원은 없지 않을까 생각된다. 누군가의 선택이 우리 도시
의 모습을 완전히 바꿀 수 있다는 것을 다시 한 번 생각하게 된다.

시민의숲은 조성된 지 오래된 공원인 만큼 새로운 시설이 설치되기도
하고 사라지기도 한다. 그중에서 앨리스파크는 여러 이슈가 있었는데도 의
외로 잘 모르는 사람이 많다. 2000년대 중반에 영어마을이 유행처럼 번지던
시기가 있었다. 높은 교육열과 새로운 체험시설 유치에 많은 지자체에서 앞
다투어 영어마을을 도입하려는 열풍이 불었다. 당시, 서울시의 자치구에서
도 그런 움직임이 있었다. 양천구, 강서구, 금천구, 강남구 등에서도 영어마

을 유치를 위한 계획안을 놓고 현실화 가능 여부를 검토 중이었다. 이러한 상황에서 한 광고기획사가 서초구에 영어체험시설 설치를 제안하고, 서초구에서는 이 제안을 받아들인다. 공원 부지를 무상으로 제공하되 시설 조성비용은 광고기획사에서 부담하고 일정 기간 운영한 뒤 서초구에 기부채납하는 조건으로 사업은 추진된다. 아마도 영어마을 열풍이던 시기에 서초구는 자체 예산 투입 없이 관내 영어마을이 조성되면 구민에게 좋은 교육환경을 제공할 수 있다는 점을 감안하여 허가해 줬을 것으로 짐작된다.

그렇게 앨리스파크는 시민의숲 서초문화예술공원 내 4,130m²에 2005년 11월 14일 문을 열었다. 기획 당시에는 하루 700~800명 방문을 예상하였으나, 개장 후 상황은 하루 평균 50여 명에 그쳤다. 일 년이 지나서는 어린이집 등의 단체방문 예약일정 외에는 개점휴업 상태에 준하였으며, 주말에도 간간히 찾아오는 가족 단위 방문객만 있을 뿐이었다. 이후 프로그램 개선 및 시설보수를 거쳐 재개장하였으나, 여전히 사람들은 찾지 않았다. 당시 이용한 사람들의 이야기를 들어 보면 왜 그런지 이해가 된다. 1시간 반~2시간 정도의 프로그램에 영어실력과 상관없이 한 반에 선생님 2명과 아이들 50명으로 프로그램이 진행되었다. 교육전문가가 아닌 광고전문가가 운영하다 보니 교육 프로그램에 대한 이해가 부족하여 이용자의 만족도가 떨어진다는 지적도 다수 있었다. 타 지역의 영어마을 프로그램과 다른 운영방식은 영어체험을 위해 방문하는 사람들을 만족시키기에 부족했고 결국 외면받게 된 것이다. 2012년 계약 기간이 끝나자 앨리스파크는 방치된다. 개방된 공원 내에 있어서 외부인의 출입이 자유로웠지만 관리가 안 되어 점차 우범 공간으로 변질되며 공원의 흉물로 전락하였다. 상황이 이렇게 되자 공원을 이용하는 사람들의 민원이 증가하고 서초구에 책임을 묻는 사람들이 늘어났다. 당시 서초구의회 회의록에 의하면, 기부채납 받은 서초구에 반납 조건으

서초문화예술공원에 있던 앨리스파크 재현

시민의숲 입구에 위치한 야외테니스장

로 계약한 만큼 계약만료 후에 시설을 관리·감독할 책임은 서초구에 있으나 그에 대한 계획이나 담당직원이 없다는 점이 문제점으로 지적되었다.

여러 논의 끝에 1년여간 방치된 앨리스파크는 서초구 예산으로 철거하기로 결정한다. 그리고 2012년 8월 다시 공원화한다는 소식을 언론을 통해 알렸다. 지금도 포털 사이트에서 검색해 보면 앨리스파크에 대한 내용이 여전히 남아 있다.

이번에는 테니스장 이야기를 해 볼까 한다. 사실 테니스장은 많은 공원에 조성되어 있는 시설로, 대부분은 지역주민들이 잘 이용하고 있다. 하지만 서로 다른 이해관계로 인해 갈등을 안고 있는 시설이기도 하다. 시민의숲에 있는 테니스클럽은 공원조성 초기부터 민자로 건설되어 기부채납 후 위탁관리하도록 계약되어 있었다. 1990년 5월 시민의숲의 공원결정계획이 변경되었다. 변경사항은 실외 테니스장 8면과 실내 테니스장 3면, 관리동 신설, 위령탑 신설에 관한 것이었다. 이에 따라 테니스장이 건설되고 1992년부터 총 30년간의 위탁 기간 중 18년간은 무상 위탁, 12년간은 유상 위탁 방식으로 계약이 체결되었다. 그러나 계약 기간 동안 여러 가지 문제가 발생한다. 2004년에는 토지 사용료 관련 소송이 진행되었고, 2010년에는 테니스장 소유권 관련 소송과 관리동에서 숙식을 해결하는 것이 문제가 되어 서초구의회에서 논란이 되기도 했다. 이런 이유로 2012년 9월, 위탁 계약을 해지하고 서초구에서 직접 테니스장을 운영하게 된다. 노후된 시설 보수를 거쳐 운영을 시작하였지만, 서울시와 서초구 간의 양재시민의숲 소유권 논란 끝에 테니스장 토지는 서울시, 지상부는 서초구 소유가 되었다. 서초구에서 직접 운영하던 테니스장은 2019년부터 다시 민간업체에 위탁하여 운영하고 있다.

위령탑에 대한 내용도 살펴보자. 양재시민의숲은 크게 3개의 구역으로 구분되는데, 그 중 남쪽 공원인 세모 모양의 공원에는 충혼탑, 위령탑 등이 세워져 있어서 가을이나 겨울에 방문하면 마치 추모공원처럼 쓸쓸한 느낌이 든다. 공원으로 들어가면 처음 만나는 유격백마부대 충혼탑은 1950년 한국전쟁 당시 비정규군 전투 부대로 싸우다 희생된 552명의 의병을 기리기 위해 1992년 세워졌다. 충혼탑을 지나면 공원에서 제일 먼저인 세워진 탑이 있다. 1990년 테니스장과 함께 신설하기로 결정된 탑으로 1987년 11월 미얀마 안다만 해협 상공에서 북한 테러로 폭파당한 대한항공 858편의 희생자 위령탑이다.

조금 더 들어가면 1995년 삼풍백화점 붕괴 사고 희생자 위령탑이 있다. 다른 두 탑은 건립 장소를 특정할 수 없어서 시민의숲에 세워졌다고 할 수 있지만, 삼풍백화점 위령탑은 사고 장소가 아닌 왜 이곳에 세워졌을까 하는

유격백마부대 충혼탑

궁금증이 생겼다. 삼풍백화점 붕괴 사고는 1995년 6월에 일어난 사고로 몇십 초 만에 건물이 폭삭 주저앉아 버린 충격의 사건이다. 삼풍백화점 붕괴 사고 이후 삼풍산업건설과 희생자대책위원회에서는 삼풍사고희생자 위령탑 건립위원회를 구성하고 사고 2주기 이전까지 위령탑을 건립하도록 합의하였다. 삼풍사고희생자 위령탑 건립위원회 회의를 통해 양재시민의숲을 최종 후보지로 정하고 서초구에 위령탑 건립 협조를 요청하였다. 처음에 논의된 위치는 북측 메인공원의 중앙 부분 또는 야외테니스장 부근이었다. 하지만 어째서 사고 장소가 아닌 공원 내에 건립해야 하는지에 대한 지적이 계속된다. 여러차례 논의 끝에 공원에 건립하기로 결정한 후에도 공원 내 어느 위치가 적절한지를 두고 의견이 분분했다. 최종적으로 다른 위령탑 근처인

현재의 위치로 정해졌다.

　　최근에는 2011년 있었던 우면산 산사태 희생자를 추모하기 위해 추모비와 추모공간이 조성되었다. 이 또한 우면산, 인재개발원, 말죽거리 근린공원 등 여러 후보지가 논의되었으나, 여러 상황으로 인해 주민 반발이 적은 공원, 시민의숲으로 결정되었다.

　　공원은 여러 사람에게 공개된 장소이므로 위령탑이 조성되면 안 될 이유는 없다. 어쩌면 위령탑은 공공을 위한 공원의 기능으로 볼 수도 있을 것이다. 더 많은 사람에게 경각심을 주어 더 나은 미래를 만드는 데 도움이 될 수도 있을 테니까 말이다. 하지만 후보지 대상에서 늘 공원이 우선순위가 되는 이유가 시민의 반발이 적어 설치가 용이하기 때문이라면 이를 어떻게 받

아들여야 할까. 공원에 어떤 시설이 들어와도 우리는 공원을 유보지로 생각하는 마음이 깔려 있는 것은 아닐까 하는 착잡한 마음이 든다.

　마지막으로 여전히 진행중인 이슈를 살펴보자. 시민의숲 옆에는 1991년 개장한 양재동 꽃시장이 있다. 정식명칭은 '한국농수산식품유통공사(aT센터) 화훼공판장이다. 농산물유통공사와 화훼단지 이전이 추진되면서 농수산식품부가 이에 대한 활용 방안을 모색하기 시작한다. 시민의숲은 공원 이용률이 다른 공원보다 낮고 시설이 노후화되었으며, 공원 주변의 주택지(우면2지구) 및 복합업무시설 개발에 대한 잠재력이 있다고 판단된다는 이유로 '애그로보태닉 파크(Agro-Botanic Park)' 계획안이 2009년에 발표된다. 고속도로와 교육문화회관, 녹지지역까지 모두 포함하는 계획으로, 시민의숲 일대에는 양재천과 연계한 보태닉가든(Botanic Garden)이 들어서고 주변으로는 농업 관련 연구개발(R&D)단지 등의 시설을 도입하는 계획이었다. 당시 계획안에는 녹지를 연결하는 그린 익스프레스(Green Express)라는 도로공원 구상안도 제시되었다. 이후 농산물유통공사는 2014년에 다수의 수익시설을 포함한 구체적인 재개발 계획을 담은 마스터플랜을 수립하였다. 2016년에는 양재동과 우면동 일대의 연구개발(R&D) 지역특화발전 계획이 발표되기도 하였다. 당시 계획대로 추진되진 않았으나, 최근에 화훼공판장 재개발 계획이 다시 논의되고 있다. 이와 관련해 2019년 한국농수산식품유통공사에서 화훼공판장 재개발 아이디어 공모를 진행한 바 있다. 과연 화훼공판장의 재개발은 시민의숲에 어떤 영향을 미치게 될까?

공원을 둘러싼 소유권 갈등

앞에서 설명했듯이 양재시민의숲은 개포택지개발사업의 일환으로 도시계획에 의한 체비지(替費地)로 조성된 공원이다. 체비지는 토지구획사업에 필요한 비용을 충당하거나 공공인프라 설치를 위해 확보하는 땅을 말한다. 이때 토지소유주들의 땅의 일정 부분을 떼어내는데, 이를 '감보'라고 한다. 시민의숲은 토지구획사업 시 감보율(토지부담율)을 약 75% 적용하여 확보한 부지이다. 당시에는 서울시에서 모든 공원을 관리했기 때문에 별다른 문제가 되지 않았다. 하지만, 1995년 지방자치제도 시행으로 체비지와 시유지를 해당 자치구에서 사용하는 경우에는 토지사용 문제를 해결해야만 했다.

이러한 상황에서 서초구에서는 두 가지 문제가 대두되었다. 첫째, 시민의숲은 체비지로 조성되었고 서초구 소유의 부지이지만, 공원면적이 10㎡

가 넘는 공원이어서 서울시 도시공원조례에 따라 시공원으로 구분되어 소유권과 관리권을 서울시로 이양해야 했다. 둘째, 서초구청과 구민회관 등 관련 건물이 시유지와 체비지를 포함하고 있어서 해당 문제에 대한 정리가 필요했다. 2008년 서울시가 서초구를 상대로 양재시민의숲 소유권 이전 등기 말소 청구소송 결과, 소유권 이전등기는 무효이며 시민의숲은 서울시 소유인 것으로 결론지어졌다. 재판결과에 따라 시민의숲 공원을 서울시에 돌려주고 재산교환으로 서초구는 구청사를 무상으로 양도받았다. 공원의 소유권과 관리권에 대한 이해를 돕기 위해 과거부터 진행된 과정을 시간의 흐름대로 간략하게 정리해 보았다.

개포택지개발사업으로 시민의숲을 조성하였다. 1988년 12월 22일 개포지구 토지구획정리사업 환지 확정처분이 공고되어 시민의숲은 환지처분 공고 다음 날인 1988년 12월 23일 서울시 소유가 되었으며, 1989년 4월 11일 서울시로 시민의숲에 대한 소유권 보존 등기가 이루어졌다.[38] 하지만 지방자치법 제5조와 시유재산조정지침에 따라 시유재산기준일인 1988년 4월 30일에는 서울시가 시민의숲의 소유자가 아니었다는 이유로 1990년 12월

넓은 잔디광장과 무대

말, 서울시에서 구자치제 시행에 따른 시유재산 조정계획에 따라[39] 서초구 재산으로의 이관을 촉구하여 이듬해 10월 시민의숲의 소유권은 서초구로 이전된다.

이후, 1994년 1월 서울시 직제 개편으로 공원관리사업소가 신설되면서[40] 신규 조성 공사 중인 서초문화예술공원을 제외한 양재시민의숲 관리권이 서울시로 이관되었다. 서초구민 외에도 많은 서울시민이 방문하는 공원의 관리를 서울시청에서 담당하기로 결정된 것이다. 이쯤부터 시민의숲 관리권 이양 문제가 의회 회의록에서 언급되기 시작한다. 1993년 신설된 도시공원조례 제26조에서는 공원녹지의 소유 구분이 면적 10만㎡로 되어 있으며,[41] 공원녹지의 취득 및 조성 업무에 따른 비용은 소유 구분에 따라 부담한다고 기재되어 있다. 이에 서초구에서는 계속 서초구 예산으로 관리하였다.

1995년 6월 지방자치제 확립으로 예산 집행 관련 문제가 발생한다. 서울시는 서초구 소유로 이전되지 않았어야 할 재산이 착오로 이관되어 돌려달라고 요청한다. 하지만 서초구는 시효만료를 언급하면서, 서초구의회 공유재산 심의위원회에서 시민의숲 소유권을 넘겨주지 않는 것으로 결정한다. 결국 서울시와 서초구의 갈등은 소송으로 이어졌고, 법원에서 서울시가 1991년 10월 서초구에 양재시민의숲 소유권을 넘긴 등기의 무효를 결정하며 일단락되었다. 이후에도 서초구와 서울시는 협상조건을 합의하지 못하고 몇 년을 보냈다. 2015년이 되어서야 서울시와 서초구는 재산 양도 및 교환에 관한 계약을 체결하였고, 서초구는 구청사 부지를 받고 양재시민의숲은 서울시에 돌려주는 것으로 마무리되었다. 이러한 과정을 거쳐 지금은 알려진바와 같이 시민의숲 1, 2구역은 서울시 공원녹지사업소에서 3구역인 서초문화예술공원은 서초구에서 관리하고 있다.

서초문화예술공원 산책로와 잔디밭

한강개발로 호수를 품게 된, 허준공원

- 공원위치 : 강서구 가양동 1471
- 공원면적 : 29,844㎡
- 지정연도 : 1990년 5월 22일
- 조성연도 : 1993년 10월 31일

한강과 이별한 광주바위

　허준공원에는 호수가 있고 그 안에 인공바위라고 하기에는 예사롭지 않은 큰 바위가 자리하고 있다. 큰 홍수가 났을 때 광주에서 떠내려 와서 광주바위로 불리는 전설이 있는 바위이다. 예전에는 흐르는 한강물에 몸을 담그고 있었던 광주바위는 공암나루를 이용하는 사람들에게 빼어난 풍치를 선사하고 지나가는 사람들의 시선을 끌었다. 하지만 언제부터인가 흐르는 물과 만날 수 없는 신세가 되었다.

　1960년대 한강 개발 시행 전에는 광주바위까지 한강물이 들어왔다. 현재 허준공원 내 호수도 예전 한강이 있던 흔적이다. 매립 전 광주바위에 한강물이 넘실거릴 때만 해도 오리류, 갈매기류 등 조류의 서식처이자 휴식처

중앙호수와 광주바위

였으나 한강 개발과 함께 지금은 자취를 감추었다. 강서구의 옛 지명인 양천현 지도를 보면 너른나루에 있는 바위라는 뜻의 광제바위(廣濟岩)로 기록되어 있고 그 옆으로 학천(鶴川)이 흐르고 있는데, 지금은 이 학천도 확인할 길이 없다.

광주바위는 한강 구암나루로 배가 드나들던 조선시대에는 뱃놀이하는 사람들이 잠시 길을 멈추고 바위를 구경했던 명소였다고 한다. 조선시대 문인이자 화가였던 겸재 정선은 1740년에 양천현감으로 부임하여 5년 동안 재직하며 많은 산수화를 남겼다. 그중 경교명승첩(京郊名勝帖)의 <공암층탑(孔巖層塔)>과 양천팔경첩(陽川八景帖)의 <소요정(逍遙亭)>에서 세 개의 광주바위와 허가바위를 볼 수 있다. 그림 제목인 소요정은 그림에서 보이지 않는데, 겸재 정선을 연구하는 최완수 선생은[42] 아마 터만 남아 있어서 정자는 그리지 않았고, 만약 정자가 있었다면 다른 시각을 취해 그렸을 것이라고 한다. 지금은 실제 모습을 확인할 길이 없지만 산수화에 표현된 것을 보면, 한강에 떠 있는 광주바위가 정말 아름다운 경관요소였음을 짐작할 수 있다.

그럼 구암바위는 언제부터 한강이 아닌 호수에 갇히게 되었을까. 우선 한강제방과 관련된 역사를 먼저 살펴보자. 1920년 여름의 대홍수를 계기로 한강에 제방을 축조하였다. 이 시기에 축조된 제방은 한강의 범람을 막아 주었지만, 전쟁을 겪으면서 대부분 소실되었다. 이후 1963년 서울의 행정구역 변화와 함께 1966년 서울시장 자리에 김현옥 시장이 부임하면서 한강변은 본격적으로 변하기 시작한다. 1967년 3월 착공해 9월 23일 완공된 '강변1로(한강인도교 남단~양화교 구간, 현재 노들길 일부 구간)'가 그 시작이다. 한강 제방이자 자동차 전용도로인 한강도로를 건설하면, 한강도로 제방 안에

새로운 택지가 조성되고 동시에 택지개발로 인한 자금 마련도 가능해지자 김현옥 시장은 이를 적극적으로 이용하였다고 한다. 한강에 제방을 쌓아 하천의 범람을 막고 그 결과로 생긴 택지를 분양하여 공사 재원을 마련하는 방법으로 「한강건설 3개년 계획」이 수립되었다. 1967년 여의도 윤중제 공사를 시작으로 양화대교, 마포대교(전 서울대교), 한남대교 공사와 함께 토지구획정리사업이 추진되었다. 1974년까지 한강 강변도로 건설사업으로 강변도로와 기존 제방 사이에 생겨난 새로운 택지를 매각하고 이를 통해 확보한 돈으로 다음 제방도로 건설자금으로 사용하는 일이 반복되면서 더 이상은 예전의 한강변 모습을 찾아볼 수 없게 변하였다.

광주바위 옛모습

　　한강개발로 호수를 품게 된, 허준공원

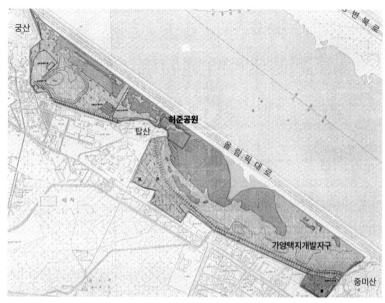

한강물이 들어왔던 가양지구 ⓒ국가기록원

이후 1980년대 들어서 시작된 '한강의 기적'이라고 불리는 한강종합개발은 올림픽 유치 결정과 함께 시작되었다. 국제도시의 면모를 갖추고 한강을 본래의 기능으로 회복할 목적으로 1982년에 착공하여 1986년까지 4년간 추진되었다. 당시 한강은 쓰레기와 수질오염이 심각하고, 오염으로 인한 악취 등으로 시민들이 이용하기 어려운 상태였다. 이러한 한강 환경을 개선하고 한강변을 공원화하기 위해 한강종합개발 공사를 진행한 것이다. 우리가 지금 이용하는 한강시민공원의 역사는 이때부터 시작된다. 하지만, 그 결과 한강 본연의 모습은 사라지고 한강을 따라 거대한 콘크리트벽이 생겼다. 이 거대한 구조물은 한강 생태계를 변하게 하는 원인이 되었다. 2010년경부터 환경문제에 대한 계속되는 지적과 여러 논의 끝에, 2014년부터 한강 자연성

회복 사업이 시작되었다. 그리고 지금도 계속 진행중이다.

　만약 1980년대에 한강 제방이 거대한 구조물로 축조되지 않았다면 어땠을까? 한강 범람을 막기 위해 기능적으로 일부는 콘크리트 제방이 불가피했을 수도 있다. 하지만 다른 방법이었다면 한강공원은 지금과는 다른 모습이 되었을 수도 있다. 혹시 한강공원에서 지금보다 더 다양한 종류의 활동이 가능하지 않았을까? 제방이 꼭 필요하지 않은 일부 개방된 한강 모래톱에서 1960년대처럼 수영도 하고 모래놀이도 할 수 있지 않았을까? 장기적으로 다양한 방안을 검토하였다면 지금은 어땠을까 하는 큰 의미 없는 상상을 해본다.

가양공원의 탄생과 수질문제

앞서 살펴보았듯이, 허준공원은 한강종합개발계획으로 건설된 올림픽대로의 제방으로 인해 생긴 폐천 부지에 '가양택지개발지구'가 추진되면서 조성되었다. 1989년 5월 가양동 일대 약 98만 m²가 택지개발지구로 지정되면서, 도시개발공사(현 SH공사)가 1992년부터 가양택지개발사업을 진행하였다. 택지개발지구 내 공원은 근린공원 3곳과 어린이공원 9곳으로 계획되었는데, 구암공원은 '가양 제2근린공원'이라는 이름으로 착공, 조성되었다. 택지개발지구의 중앙에 있던 구암공원은 탑산 주변의 광주암 및 호수를 보전하는 호수공원 컨셉으로 계획되었다.[43]

1990년 가양택지개발사업 착공 때 이곳도 주변처럼 매립하여 택지로 조성하려고 하였다. 하지만, 구암 허준 선생이 태어나고 생을 마친 것으로 확인되면서 주변이 공원으로 결정되어 땅속에 묻히지 않았고 가양택지개발 후 공원으로 조성되었다.[44] 광주바위가 채석을 통해 사라지거나 매립되지 않고 그대로 있어서 다행이다. 광주바위는 보존되었지만, 안타깝게도 공원 옆 탑산은 채석장으로 이용되어 반 토막이 깎여 나가는 바람에 예전의 모습을 찾을 수 없다.

공원으로 조성되며 다행히 사라지지 않고 남아있지만, 광주바위는 가양택지개발 이전, 1980년대 한강 개발로 이미 한강이 아닌 육지와 올림픽대로 사이의 고인 물에 갇혀 버렸다. 허준공원을 조성하며 광주바위와 5,186 m² 면적의 연못에 대한 유지·관리 고민도 시작된다. 도시개발공사에서 택지개발을 하면서 공원 조성 당시의 지하수를 활용하여 연못을 관리하고자 하였다. 그러나 수맥을 찾기가 어려워 시행하지 못하고 상수도를 연결한 상태로 공사는 마무리되었다. 공원조성공사 완료 후, 허준공원의 넓은 호수에 있는 물을 한 달에 한두 번씩 상수도로 계속 교체할 경우 많은 예산이 투입될 것이 우려되자 강서구는 지하수 활용방안을 모색한다. 1995년 호수 수질 유지·관리를 위한 지하수 개발을 추진하였으나, 구암공원 지반 일대가 전부 암반이어서 지하수 활용이 어려운 상황인 것으로 결론이 난다. 이후 인공펌프 시스템을 이용해서 수질관리를 하고 있다.

하지만, 지금도 수질 문제는 여전히 해결되지 않아 악취, 모기 등 인근 주민들의 민원이 발생하고 있다. 한강으로 흐르던 물이 몇 십 년 동안 갇혀 있으니 수질이 좋을 리가 없다. 수질정화를 위해 수생식물도 식재하였다. 하지만 수면 바닥이 일정하지 않아 연못 수반을 설치하여도 생육이 어려워 수질문제 해결에 큰 도움이 되지 못하였다. 공원 내 호수는 우기나 집중호우 때는 주변 우수를 일시 저장하는 등 저류조 기능도 하고 있다. 수위 조절을 위해 수면바닥에 인위적으로 단차를 두었기 때문에 수심은 얕은 곳은 1m, 중심부는 3m 정도로 일정하지 않다. 이러한 조건에서는 수생식물이 안정적으로 자리잡기가 힘들기 때문이다.

2003년에는 공원경관개선과 호수의 수질정화를 위해 호수 내에 음악분수를 설치하는 것이 계획된다. 2004년 9월 말 완공된 분수는 평소에는 10여 곡의 클래식 리듬에 맞춰 춤을 추며 사람들의 이목을 끌고. 매년 열리는 허준축제의 대미를 장식하는 등 사람들의 호응을 받으며 공원명물로 자리잡았다. 하지만 분수 소음에 대한 인근 주민의 민원과 분수시설의 노후로 인한 잦은 오작동 때문에 2009년 3월까지 운영하고 가동을 중단하였다. 이후 2013년에 철거되고 현재는 2개의 분수만 남아 있다.

　　조성된 지 약 20년이 지나면서 공원의 노후된 시설에 대한 민원이 증가하기 시작하였다. 이에 2012년에는 약 6억 원의 예산을 들여 노후된 공원의 리모델링 공사를 진행하였다. 지속적인 민원의 대상이었던 공원담장과 바닥포장을 개선하고, 수질문제가 지적되는 호수도 정비하였다. 이어 2016년에는 공원 야외무대 진입로에 장애인 편의시설을 설치하고 호수의 수경식물과 안전시설(흰색 펜스)을 보완하였다. 최근 2018년에는 연못의 악취를 제거하고 녹조현상을 줄이기 위해 주민단체와 함께 'EM 발효 흙공 던지기' 등의 행사를 통해 정화운동을 펼쳤다. 2019년에는 허준공원 생태 연못 정비 사업을 통해 녹조와 수질 부패가 진행되던 호수의 수질을 정화하고 기존 펜스를 수변데크로 정비하여 인공폭포와 수련이 떠 있는 지금의 모습으로 변신하였다.

만약 한강과 연결되어 있었다면 지금과 같은 수질 정화를 위한 고민과 예산부담은 덜 하지 않았을까? 갇힌 물은 썩은 물, 죽은 물이라고 했다. 몇 십년동안 해결방안을 모색한 끝에 최근 물이 순환될 수 있는 펌프를 설치하여 인공적인 정화방법을 활용하고 있는 허준공원의 호수. 이뤄지기 힘든 작은 바람이지만, 한강도로를 위한 제방공사 당시 물의 흐름을 막지 않게 작은 연결수로라도 계획했더라면, 그래서 한강물이 허준공원 호수와 연결되어 흐르는 물로 수질로 관리하고 공원에도 더 다양한 경관과 볼거리를 제공할 수 있다면 얼마나 좋았을까 상상해 본다.

주변 녹지와의 연결

허준공원은 주변과 잘 연계되어 있다. 허준 선생과 한의학이라는 테마에 알맞게 약초원이 두 군데나 조성되어 있다. 허준박물관 옥상과 연결되는 구암약초원과 허가바위 근처에 조성된 탑산약초원이 있다. 두 약초원은 모두 구암공원과 연결되어 있으나, 서로 철재 담장을 사이에 두고 있다. 하지만 두 약초원의 분위기는 다르다. 허준박물관 옥상에 올라가면 구암약초원을 볼 수 있는데, 허준공원 놀이터 쪽과 연결되어 있다. 구암약초원에서는 탕약과 질병을 테마로 한 다양한 약초들을 살펴볼 수 있다. 탑산약초원 역시 질병을 테마로 하고 있으나, 전체 안내판 외에는 각 약초에 대한 설명이 없어 약초를 알아보기 힘들다. 작은 동산 위에 조성된 탑산약초원은 사람들의 발길도 뜸하다. 여러 행정상의 문제는 해결방안을 강구하면 되니, 구암약초원과 탑산약초원을 합쳐서 더 알찬 구성과 프로그램을 진행해보면 어떨까 하는 생각이 든다.

공원의 진입로이기도 한 탑산(塔山)은 한강 쪽에서 접근하면 반대쪽에 위치하고 있어 보기에 따라 공원에서 조금 벗어나 있는 것처럼 느껴진다. 공원으로 지정될 당시에는 공원 부지가 아니었으나 2003년에 탑산 토지보상을 통해 공원으로 편입이 추진되어 지금은 허준공원으로 포함되었다. 탑산 아래로 동굴 가운데가 뚫려 있어 공암(孔巖)이라고도 부른다. 이 일대가 양천 허씨의 시조가 난 곳이라 하여 허가바위라고도 불린다. 탑산 아래 뚫린 천연동굴은 신석기 시대 사람들이 한강에서 조개와 물고기를 잡으며 살았다는 혈거동굴(穴居洞窟)로 알려져 있다. 지금은 보존을 위해 주변으로 울타리가 설치되어 있어서 접근이 불가능하지만 2000년 초반에만 해도 동굴 안을 살펴볼 수 있었는데, 동굴 안에 성인 10~15명 정도는 충분히 들어갈 수 있는 크기이다. 지금은 직접 눈으로 확인할 수는 없지만, 탑산은 바위산으로 한강 쪽으로 우뚝 솟은 자색의 절벽이 유명했다고 한다. 당시 경치에 대해 남겨진 그림과 글을 살펴보면 한강이 들어오던 시설에는 탑산과 광주바위는 한강과 함께 절경을 이뤘을 것으로 짐작된다. 지금은 올림픽도로에 막혀있어서 상상이 잘 안되지만, 현재 허준박물관에 있는 옛 지형 복원 모형을 보면 당시 모습을 짐작해 볼 수 있다.

허가바위 옆에는 공암나루터였음을 알리는 돌이 있다. 나루터였다는 말에서 짐작할 수 있듯이 이곳에는 한강물이 들어오고 배가 다녔다. 공암나루는 양화나루 아래에 예속된 작은 나루로, 조선시대의 한강변 나루터 중에서 가장 아래쪽에 위치하였다. 공암나루는 양화진 어영청의 진선 10척 중 5척이 배속된 나루로 수많은 배들이 지나갔다고 한다. 한강을 건너 김포나 강화도 방향으로 가는 사람들이 주로 이용하던 곳이었다.

잠시, 한강변 나루에 대해 살펴보자. 고려를 거쳐 조선으로 이어지면서 한강에는 많은 나루가 발달하였다. 일제강점기 이후 국가에서 관리하던 나루는 마을이나 민간으로 이양되었다. 1957년 괴산댐을 시작으로 1974년 팔당댐까지 완공되고, 양평대교, 이포대교 등이 건설된 이후 나루는 거의 폐쇄되었다. 우리는 지금 남아 있는 광나루(廣津), 서빙고나루(西氷庫津), 동작나루(銅雀津), 노들나루(露梁津), 서강나루(西江津), 양화나루(楊花渡) 등의 지명에서 예전 모습을 짐작할 뿐이다.

이번에는 허준공원의 북쪽, 한강쪽으로 눈을 돌려보자. 허준공원과 한강 사이에는 올림픽대로를 따라 조성된 선형의 구암나루공원과 강서한강공원으로 이어지는 구암나들목이 있다. 구암나루공원 역시 가양택지개발 사

업으로 1993년에 개원하였는데, 허준축제 기간에는 허준공원에서 구암나루공원까지 그 공간을 확장하여 축제가 개최된다. 평소에 공원을 이용하는 주민들 역시 허준공원과 구암나루공원을 따로 구분하지 않고 하나의 공원처럼 이용하며, 조깅, 산책, 자전거 타기 등 한강시민공원까지 연결된 공원 녹지를 적극적으로 이용하는 사람도 많다. 관리 주체가 달라 별도로 유지·관리되고 있으나, 이용하는 시민에게는 다 같은 공원이며 두 공원을 연계해서 이용함으로써 더 큰 확장성을 지닌다. 생태적 네트워크가 형성되어 생태계 서비스 차원에서도 더 큰 가치를 지닌 것은 말할 것도 없다.

　지역 주민들은 허준공원을 지역에서 매우 핵심적인 공간이라고 생각한다. 평지에 위치하고 있어서 접근성이 좋을 뿐만 아니라, 한강공원과도 연결

되어 다양한 이용이 가능하기 때문이다. 인근 유치원 아이들의 백일장과 사생대회, 초·중·고 학생들의 역사문화탐방수업이 종종 진행되고, 성인을 대상으로 하는 한강역사체험, 강서문화읽기 프로그램 등에서도 주변지역의 문화요소와 함께 주요 거점으로 활용된다. '허준' 이라는 지역문화 콘텐츠와 공원녹지가 연결된 자연생태환경은 지역주민들만 사랑하는 근린공원이 아닌, 더 많은 사람들이 찾아와서 즐길 수 있게 만드는 힘을 가지고 있다.

허준동상과 자연석 계단

허준을 중심으로 한 지역 콘텐츠

"줄을 서시오~"

드라마 <허준>을 떠올리면 제일 먼저 생각나는 대사이다. 드라마 내용 중 허준선생이 너무 유명해져 늘 북적거리며 환자가 문전성시를 이루는 장면에서 나왔던 대사로 기억한다.

의성(醫聖)이라고 불리는 동의보감 저자, 허준 선생(1537~1615)은 생의 처음과 마지막을 이 지역과 함께 했다고 전해진다. 허준공원 명칭 또한 그 업적을 기리기 위해서 명명되었으며, 정식 공원명 변경 전에도 구암근린공원과 허준근린공원을 혼용해서 사용하였다. 택지개발 시기에는 가양 제2근

구암 허준 선생이 환자를 보살피고 있는 모습의 동상

린공원, 조성후에는 구암근린공원으로 불리던 공원은 허준 선생의 호인 '구암'보다 더 많이 알려진 이름을 사용하는 것이 좋다는 의견에 따라 공원명 변경을 추진하였다. 2016년 말 공원명칭 변경이 고시되어 현재는 허준근린 공원을 공식 명칭으로 사용하고 있다.

　1994년 구암공원 조성 후, 사단법인 허준기념사업회가 공원 내에 허준 동상 등을 설치하였다. 이후 2000년엔 드라마 <허준>의 인기에 힘입어 허준공원을 중심으로 허준박물관과 약초원, 한국한의학연구소, 대한한의사협회 건물이 자리잡았다. 허준박물관은 대한한의사협회, 허준기념사업회 등이 주관하여 2004년 말에 오픈하였다. 허준박물관에는 허준 선생의 일대기와 조선시대 내의원과 한약방을 재현해놓은 전시실도 있다. 또한 구암바위

공원 앞 진입로의 허준 테마길

가 한강에 떠 있던 시절의 모형도 전시되어 있으며, 어린이들을 대상으로 하는 도슨트 프로그램도 운영하고 있다. 허준공원을 방문한 이용객들이 허준의 일대기를 느끼고 관련된 체험을 할 수 있도록 2014년 공원 진입로와 허준박물관 일대에 허준 테마길을 조성하였다.

허준공원에서는 매년 허준축제가 열린다. 1994년 서울 정도 600년을 기념하는 사업과 함께 강서구 우장산공원에서는 시민체육대회가, 구암공원에서는 구암축제가 시작되었다. 이 중 구암축제는 매년 가을마다 진행되는데, 1999년부터는 허준축제로 축제명을 변경하여 지속해오고 있다.

강서구에서 가장 큰 축제로 손꼽히는 허준축제에는 해마다 많은 사람이 방문하여 다양한 프로그램을 체험한다. 축제의 제일 주요행사는 허준 추모제례로, 강서구에서 태어나서 돌아가신 구암 허준선생을 기리기 위하여 허준축제일에 양천 허씨 종친회가 주축이 되어 추모제례의식을 행하는 것인

데, 1회부터 계속되고 있다. 또한, '허준'과 한의학의 가치를 홍보할 뿐만 아니라 강서구 지역주민들의 적극적인 참여로 작품전시, 발표회, 공연 등도 함께 진행된다. 허준을 주제로 한 허준처방관, 약초저잣거리마당 등과 더불어 동의보감을 컨셉으로 하여 현대인의 4대 질병 처방법 소개 및 예방에 대한 부스도 설치된다. 한방음식부터 푸드트럭까지 먹거리도 많고 아이들 체험 프로그램도 운영하고 있어서 인기가 많다.

지역 주민과 아이들의 작품전시와 발표회는 지역주민들이 축제에 더 많은 애정을 가지게 하는 매개체로 작동된다. 이러한 점에서 허준축제는 공공에서 추진하지만, 지역주민들이 적극 참여할 수 있는 축제로 자리잡았다. 공원과 녹지의 연결, 그리고 지역문화을 소재로 한 컨텐츠까지 함께 경험할 수 있는 허준공원은 매력적인 장소임에 틀림없다. 현재 허준공원이 가진 태생적 한계로 비롯된 문제를 해결하기 위한 생태친화적이고 지속적인 방안이 마련되어 더 많은 시민이 찾는 공원이 되길 바래본다.

242   한강개발로 호수를 품게 된, 허준공원

공원 위치도

은평구

종로구

서대문구

마포구

서소문공원

강서구

허준공원

우장산공원

양천구

영등포구

문래공원

동작구

구로구

관악구

금천구

도봉구

노원구

구

성북구

중랑구

동대문구

성동구

광진구

강동구

송파구

강남구

구

양재시민의숲

에필로그

1

얼마 전, 어릴 때 읽은 『아낌없이 주는 나무(The Giving Tree)』의 결말을 다시 쓴 Topher Payne의 『건강한 경계 짓는 나무(The Tree Who Set Healthy Boundaries)』를 접하게 되었다. 나무가 일방적으로 사랑을 주는 것을 내용으로 한 원작과는 달리 사람과 나무가 서로 소통하고 배려하는 것이 중심을 이루고 있었다. 바뀐 동화를 읽으며 나무가 우리한테 같이 살자고 말하는 것처럼 느껴졌다. 원하는 만큼 다 가져가지 말라고, 다 가져가면 원작의 결말처럼 나무 밑동이 휴식을 주는 의자로 쓰일지는 몰라도, 추억의 장소와 친구를 잃어버릴 수 있다고… 지구에서 함께 행복하게 살자고 이야기하고 있었다.

2

연일 언론에서는 그린뉴딜, 기후변화, 탄소제로 등의 단어들이 등장한다. 환경 문제는 전 지구적인 차원의 문제로 지금 이 순간에도 다양한 분야의 전문가들이 그 해결을 위해 힘쓰고 있다. 우리도 도시의 공원녹지에 대한 관심으로 작은 힘을 보탤 수 있지 않을까? 작게는 내 생활반경 주변의 공원과 녹지에 어떤 나무가 있으며, 그 나무는 언제부터 있었는지 궁금해하고, 왜 우리집 앞 공원은 옆 동네 공원과 달리 더위를 피할 나무그늘이 없는지 의문을 품었으면 좋겠다. 우리의 관심만큼 더 좋은 공원녹지에서 나무가 무럭무럭 자라날 테니까.

3

비밀을 공유하고 일상을 나누며 친한 친구가 되어 가듯이, 하나둘씩 알고 나니 공원에 더 애착이 간다. 공원과 친해지고 싶은 사람들에게도 이런 이야기를 전해 주고 싶다. 이 책이 공원에 대한 관심을 가지고 생각해 보는 계기가 되길 바란다. 공원에 관심이 있는 연구자나 시민들과 공원에 관해 이야기를 함께 나누고 좋은 공원에 대한 답을 찾아 나가고 싶다. 공원을 사랑하는 사람이 더 많이 모여서 왜 지금 이런 모습이 되었는지 되돌아보고, 미래 공원은 앞으로 어떤 모습으로 변할지 함께 생각하고 토론할 수 있었으면 좋겠다. 하나씩 하나씩 방법을 찾아가다 보면, 머지않은 미래에 도시 내 많은 공원과 녹지가 서로 연결되어 그 사이를 걸어서 다닐 수 있지 않을까?

4

책의 마지막을 마무리하며. 연구하는 동안 연구자의 시시콜콜한 궁금증을 해소하는 데 도움을 주신 분들께 감사 인사를 전하고 싶다. 여러 차례의 연락에도 정성을 다해 도움을 주신 공원 담당 공무원분들, 공식 기록에 없어 알기 힘든 옛날이야기를 들려 주신 오랜 기간 공원을 이용해 온 지역주민분들, 시간상 많은 자료를 혼자서 다 소화해 내기 어려워 연락드릴 때마다 흔쾌히 자문해 주신 교수님들, 이 모든 분의 도움으로 부족하지만 작게나마 공원이야기를 엮을 수 있었다. 책에 담지 못한 많은 이야기도 언젠가는 함께 나눌 수 있기를 바란다.

추가설명

1) 도시계획시설은 「국토의 계획 및 이용에 관한 법률 시행령」 2조 6호에서 크게 7개 시설군(총 52개 시설)으로 지정하고 있다.

2) Project for Public Spaces(PPS)는 1990~2000년대에 들어 도시공원의 이용의 질적 개선에 대한 공공 역할의 한계를 느낀 시민을 중심으로 비영리 민간단체 참여가 급속히 증가하였다고 언급하였다. Park Managment Case Studies:Public-Private Partnerships(PPS) 2011. p.3

3) 추가로 근대공원이 궁금하면 한국근대도시공원사(강신용·장윤환), 모던걸 모던보이의 근대공원 산책(김해경) 등 참고문헌에 제시된 논문을 찾아보기 바란다.

4) 우연주·배정한(2011)에 따르면 미국과 일본 등지에서 유학한 지식인들은 근대 도시가 나아갈 방향을 제시하고 공원을 계몽시설로 언급하며 공원의 효용성을 강조하였다. 공원은 심신의 건강에 도움을 주고 공원조성은 국가가 공공에 좋은 도시공간을 평등하게 분배하는 사업이라고 언급하였다.

5) 박승진, 2010, 공원을 읽다. 도시공원을 바라보는 열두 가지 시선들 : 모던보이, 공원을 거닐다. 나무도시.

6) 강신용·장윤환, 2004, 한국근대도시공원사, 박문각

7) 김영민·조세호(2019)에 따르면 1940년대에는 공원녹지계획이 독립적인 법정계획으로 지정될 만큼 중요성이 강조되었다.

8) 1940년 공원계획안의 경우 도심부의 아동공원 20곳에 해당하는 예산은 500만 원이었다. 1937년 경성 간선도로 21개 선의 예정 공사비가 650만 원이었다는 사실을 고려할 때 이는 상당히 높은 수준의 지출이었다. 또한, 예산 확보 문제로 20%만 국고로 집행되고 80%는 토지소유자에게 부담하도록 하였다. 이러한 민간의 부담은 현실적으로 공원녹지계획의 실행을 불가능하게 하였다. (염복규 2016 p. 181-224)

9) 서울특별시, 1968,『서울도시계획공원 기본계획보고서』

10) 어원은 상자를 뜻하는 일본어 'はこ(하꼬) + 방'이다. 매우 작은 칸막이 판잣집 방으로, 판잣집이 상자처럼 생겼다고 '학고방'이라고 불렸다. 1960~70년대까지 있었으나 1980년대에 올림픽 등 국제대회 개최로 인해 도시미화 차원에서 피난민촌을

재개발하면서 지금은 다 사라졌다.

11) 이 시기에 1953년 건축행정요강(서울특별시 공고 제24호. 1953. 8. 3.)과 1959년 도시계획공원변경 내무부령(도시계획 공원변경. 내무부 고시 제461호. 1959. 3. 12.)으로 인해 많은 공원이 해제되었다.

12) 1955년 7월 11일 남산공원을 348,000m²에서 1,256,600m²로, 장충공원을 418,000m²에서 669,500m²로 종전의 공개녹지를 편입하여 확대·지정하였다.

13) 구체적인 내용은 오휘영, '조경에 관한 세미나' 속기록, 환경과조경 141-150호에 연재한 우리나라 근대조경 태동기의 숨은 이야기 내용을 참고하기 바란다.

14) 숙정문의 원래 이름은 숙청문(肅淸門)이었다고 하며, 북정문(北靖門)이라고도 불렸다.

15) 김신조 무장공비 사건은 1968년 1월 21일 북한 민족보위성 정찰국 소속 공작원(124부대) 31명이 박정희 대통령을 암살하기 위하여 세검정 고개를 넘어 청와대를 목표로 침투한 사건을 말한다. 북쪽 공작원 31명 중 유일한 생존자인 김신조 소위의 이름을 따서 김신조 사건이라고 한다.

16) 아베크족은 프랑스어인 'avec'에서 유래한 말로, 연인 관계에 있는 한 쌍의 남녀를 뜻한다. 국내에선 주로 심야에 차량이나 으슥한 곳에서 데이트를 즐기는 남녀의 의미를 포함하여 쓰인다.

17) 감사원은 1971년에 신축한 감사원 구청사 재건축을 위해 1997년 5월 서울시에 풍치지구 해제를 요청하였으며, 최종적으로 감사원 청사 증축으로 삼청공원 일부가 해제되었다.

18) 서울특별시 강서구청, 1994. 우리고장의 역사와 민담, 서울특별시 강서구 문화공보실

19) 서울특별시 강서구청, 2007. 강서의 어제와 오늘 그리고 내일, 서울특별시 강서구

20) 동명연혁고 14, 강서, 양천구편 p.115

21) 1954년 10월부터 3개월 동안 5개 관구사령부가 설치되는데, 1관구는 광주, 2관구는 부산, 3관구는 논산, 5관구는 대구, 6관구는 서울 영등포에 있었다.

22) 위수령은 위수령 발동 시 지방자치단체장의 요청으로 군부대가 책임지역 내 치안질서 유지를 하는 계엄령과 유사한 업무를 말한다. 위수령은 1950년 제정·공포, 2018년 폐지되었다.

23) 1994년 봄에 민간유치로 주차장 개발을 추진하였으나 타당성과 수익성 부족으로 중단된 것으로 짐작된다.

24) 경방주식회사(구 경성방직)는 일제강점기 시절 대부분의 공장이 일본 소유였던 환경에서 유일하게 민족자본으로 설립된 공장이었다. 경성방직이 있던 자리는 경방이 운영하는 타임스퀘어로 개발하였으며, 1936년에 지어져 사무동으로 사용하던 벽돌조 건물은 등록문화재로 되어 있다.

25) 그들은 "우리가 오늘 박정희 흉상을 철거하는 것은 박정희가 기념의 대상이 아닌 청산과 극복의 대상이기 때문"이라고 주장했다 .

26) 참형(斬刑, 칼로 목을 베어 죽이는 형벌)뿐만 아니라 효수경중(梟首警衆, 목을 베어 머리를 매달아 뭇사람을 경계하는 것)도 이루어졌다고 한다. (동명연혁고 II, 중구편)

27) 만초천(蔓草川)은 서대문구 무악재에서 발원하여 한강으로 흐르는 물길로 1967년 복개가 시작되어 현재는 서소문 일대 물길은 찾아보기 힘들다. 조선시대에는 성저십리(城底十里) 안에 포함되는 구역으로 하천을 따라 취락이 발달하였다.

28) 청과류와 수산물 등을 공급하는 도매시장으로 1939년 도시공공시설로 개장하였다가 1975년 폐쇄되었다.

29) 원효로에 있던 용산양곡도매시장은 1977년 왕십리에 있던 중앙양곡도매시장과 함께 서초동 양곡도매시장으로 이전하였다.

30) 연합뉴스, 2002.7.11. news.naver.com/main/read.nhn?mode=LSD&mid=sec&sid1=101&oid=001&aid=0000204365

31) 서울시에서 지정한 서울역광장, 서울역지하도, 서소문공원, 역전우체국앞 지하도, 남대문지하도, 남대문5가지하도, 시청역지하도 등에서는 노숙을 못하도록 금지지역으로 지정되어 있었다.

32) 당초에는 '서소문 역사공원 추진본부'였으나 2013년 3월 직제 개편에 따라 '서소문 밖 역사유적지 관광자원화사업 추진본부'로 명칭이 변경되었다.

33) 103위 시성식은 1984년 5월 6일 여의도공원(당시 여의도광장)에서 진행되었다. 교황 요한 바오로 2세(1920~2005)가 한국 천주교 200년 기념으로 방한하여 한국 순교자 103위 성인명부에 올림을 선포한 것을 말한다.

34) 2016년 7월 범대위 요청에 따른 학술고증연구용역 발주 요청 민원에 따라 8월 서소문역사공원과 동학의 관련성 검증을 위한 역사고증 학술용역이 진행되었다.

35) 내부 조성은 중구의회 회의록을 통해 조성사업 초기부터 완료 시점까지 언급된 천주교의 예산 지원이 이미 고려되었음을 짐작할 수 있다.

36) 양재천은 원래 한강의 1차 지류였으나 한강개발사업과 시가지 개발로 인해 탄천과 합류하여 한강으로 흘러들어 가는 모습이 되었다.

37) 국제라이온스협회 서울강남지구 www.lionsclub354d.or.kr/html/354D/06.asp

38) 택지개발촉진법 제9조 제4항 및 토지구획정리사업법 제63조에 의거, 환지계획을 수립하고 환지처분이 이루어지면 환지처분 공고 다음 날 소유권이 정리된다.

39) 1988년 5월 1일 자치구제 시행에 따른 시유재산 조정 지침에 의해 시유재산은 시 소유와 구 소유로 분할·조정되었다. 시유재산 중 1988년 4월 30일 기준, 구에서 점유하고 있는 시유재산은 구에 귀속된다고 되어 있으며 나머지 경우는 시유재산으로 국유화하였다. 공원의 경우 시설조성이 완료된 근린공원과 시 소유 이외의 어린이공원은 구 소유로 되고, 도시자연공원과 미시설 근린공원, 묘지공원은 시 소유로 구분하였다.

40) 1994년 당시 공원관리사업소가 신설되어 남산공원관리사업소, 독립문공원, 보라매공원, 용산가족공원, 시민의숲을 관리하였다.

41) 1993년 1월 공원조례 개정 이전에는 공원 소유 기준이 공원면적 3만 ㎡를 기준으로 구와 시로 구분되었으나, 개정 후에는 면적 10만 ㎡를 기준으로 소유권이 구분되며, 소유에 따라 공원을 조성·관리하도록 변경되었다.

42) 최완수, 2004, 겸재의 한양진경, 동아일보사

43) 호수와 연못이 혼용되어 사용되고 있으나, 공원 초기문서와 최근 공원대장에서도 '호수'로 사용되어 있어서 '생태연못' 외에는 호수로 통일하여 설명하였다.

44) 서울특별시 강서구청, 2007. 강서의 어제와 오늘 그리고 내일, 서울특별시 강서구

* 본문 중 사용된 국제대회 용어표현은 1986년 서울아시아 경기대회는 86년 아시안게임으로, 1988년 제24회 서울올림픽 경기대회는 88서울올림픽으로 간단하게 표현하였다.

참고문헌

편집부, 2010, 공원을 읽다 - 도시공원을 바라보는 열두 가지 시선들, 나무도시

김영민, 조세호. (2019). 경성부 공원녹지계획의 의의와 한계. 한국도시설계학회지
　　　도시설계, 20(3), 25-43.

고하정, 2019, 도시공원을 둘러싼 사회현상 및 담론변화 연구 -서울을 중심으로-,
　　　(재)숲과나눔

고하정, 2020, 도시공원 유형별 특성 및 유지관리방안에 관한 연구, (재)숲과나눔

고하정, 2020, 서울시 도시공원조성예산 변동 추세-예산서를 중심으로. 한국조경학회지,
　　　48(3), 1-11.

고하정, 2020, 텍스트마이닝을 활용한 도시공원에 대한 쟁점변화-서울시의회 회의록을
　　　중심으로. 서울도시연구, 21(4), 21-40.

고하정, 2021, 공원 이슈에 대한 주요 언론의 담론변화분석- 1995년부터 2019년까지
　　　신문 기사를 중심으로. 한국조경학회지, 49(5), 46-58.

강신용, 장윤환, 2004, 한국근대도시공원사, 박문각

권영덕·고진수·박유진, 2012, 1960년대 서울시 확장기 도시계획, 서울연구원

김덕삼, 1990, 한국도시공원의 변천에 관한 연구, 경희대학교 박사학위논문

김해경, 2020, 모던걸 모던보이의 근대공원 산책, 정은문고

김향자, 1987, 도시공원계획의 변화 관한 연구, 서울대학교 석사학위논문

박인재, 2002, 서울시 도시공원의 변천에 관한 연구, 상명대학교 박사학위논문

손정목, 1989, 일제강점기 도시계획 연구, 일지사

손정목, 2019, 서울 도시계획이야기 1~5, 한울

손주영, 2002, 강서문화와 역사, 강서문화원

양병이, 1986, 한국조경의 반세기에 관한 역사적 고찰, 서울대학교 40주년학술세미나
　　　논문, p73

염복규, 2016, 서울의 기원 경성의 탄생, 이데아

오휘영, '조경에 관한 세미나' 속기록, 환경과조경 141-150호 우리나라 근대조경
　　　태동기의 숨은 이야기

우연주·배정한, 2011, 개항기 한국인의 공원관 형성, 한국조경학회지 39(6). 76-85

이경재·오충현·유창희·오구균, 1990, 개포 시민의숲의 배식에 관한 연구 – 수목배식
　　　사후평가, 한국조경학회지 18(3):71-84

이재권, 구학서, 이정원, 이재곤, 이상수, 1992, 동명연혁고 II, 중구편,
　　　서울특별시사편찬위원회

장규진, 2002, 서울시 도시공원계획의 변천과 근린공원의 조성, 고려대학교 석사학위논문

조경진, 2003, 프레데릭 로 옴스테드의 도시공원관에 대한 재해석, 한국조경학회지, 30(6), 26-37

조경진, 2007, 공원문화의 현실과 지평: 서구와 한국의 공원이용 변천과 비교를 중심으로, 환경논총, 45.33-54

조세호, 김영민, 2019, 경성부 도시계획서 상의 공원녹지 개념과 현황의 변화 양상, 한국조경학회지, 47(2), 117-132.

최완수, 2004, 겸재의 한양진경, 동아일보사

최용호, 2005, 공원녹지정책의 분석 및 방향설정 연구 : 서울시를 중심으로, 고려대학교 박사학위논문

황기원, 2002, 서울 20세기 공원·녹지의 변천: 자연속의 도시에서 도시속의 자연으로, 서울 20세기 공간변천사, 서울시정개발연구원

서울특별시, 1968, 『서울도시계획공원 기본계획보고서』

서울특별시, 1985, 서울시 공원녹지 정책방향 연구, 서울시인쇄산업협동조합

서울특별시, 1995, 서울시 공원녹지 정책방향 연구, 서울시인쇄산업협동조합

서울특별시, 1997, 서울도시기본계획

서울특별시, 1997, 서울특별시 조직변천사 I

서울특별시, 2001, 서울의 환경, 서울특별시

서울특별시, 2001, 서울특별시 조직변천사 II

서울특별시, 2002, 도시공원·조경 관련 법규집

서울특별시, 2005, 공원으로 놀러 가자, 서울특별시

서울특별시, 2005, 도시비교통계, 서울특별시

서울특별시, 2008, 서울의 공원 100선. 서울특별시

서울특별시, 2009, 서울의 환경, 서울특별시

서울특별시, 2015, 「2030 서울시 공원녹지 기본계획」, 서울연구원

서울특별시 중구청, 2020, 『서소문역사공원 기념공간 건립사업』 사후평가보고서

서울특별시 강서구청, 1994. 우리고장의 역사와 민담, 서울특별시 강서구 문화공보실

서울특별시 강서구청, 2007. 강서의 어제와 오늘 그리고 내일, 서울특별시 강서구

서울시 및 자치구 의회 회의록

서울특별시 http://seoul.go.kr

서울의 산과공원 http://parks.seoul.go.kr.

통계청 국가통계포털 http://kosis.kr

법제처 http://law.go.kr

서울역사아카이브 https://museum.seoul.go.kr/archive

네이버 뉴스 라이브러리 https://newslibrary.naver.com

Park Managment Case Studies:Public-Private Partnerships(PPS) 2011.

연합뉴스, 2002.7.11. news.naver.com/main/read.nhn?mode=LSD&mid=sec&sid1=101 252&oid=001&aid=0000204365

매일 가도 모르는 공원이야기
도시 공원을 탐(探)하다

초판 1쇄 발행 2022년 1월 24일

지은이	고하정
사진	고하정, 이대연
감수	양병이
일러스트	이서희
편집	(주)아트숨비
출판지원	재단법인 숲과나눔

펴낸곳	(주)아트숨비
주소	서울특별시 은평구 은평로8길 9, 아트숨비센터

*이 도서는 재단법인 숲과나눔의 인재양성프로그램 지원을 받아 제작되었습니다.